Luiz F. J. Maia

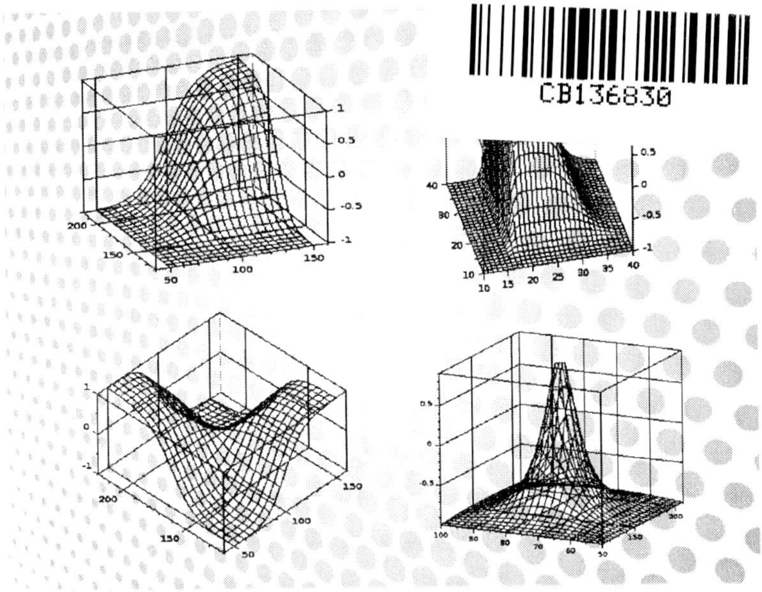

Teoria de Conjuntos e Sistemas Difusos

Editora Ciência Moderna

Editor: Paulo André P. Marques
Produção Editorial: Dilene Sandes Pessanha
Capa: Daniel Jara
Diagramação: Daniel Jara
Copidesque: Equipe Ciência Moderna

FICHA CATALOGRÁFICA

MAIA, Luiz Fernando Jacintho.

Teoria de Conjuntos e Sistemas Difusos

Rio de Janeiro: Editora Ciência Moderna Ltda., 2023.

1. Matemática 2. Conjuntos
I — Título

ISBN: 978-65-5842-289-1

CDD 510
511.32

Editora Ciência Moderna Ltda.
R. Alice Figueiredo, 46 – Riachuelo
Rio de Janeiro, RJ – Brasil CEP: 20.950-150
Tel: (21) 2201-6662/ Fax: (21) 2201-6896
E-MAIL: LCM@LCM.COM.BR
WWW.LCM.COM.BR

08/23

Apresentação

Lofty A. Zadeh publicou, em 1965 [1], um artigo na revista *Information and Control*, propondo uma teoria de conjuntos difusos (*fuzzy sets*), onde a pertinência de um objeto a um conjunto não era simplesmente tudo ou nada, expressos por *um* ou *zero*, mas podia ter gradações entre esses extremos. Da representação habitual de *um* para a pertinência ao conjunto e *zero* para a não pertinência, Zadeh propôs expressar o grau de pertinência de um objeto a um conjunto por um número no intervalo (0,1). Uma pertinência igual a 0,5 indicaria indiferença entre pertinência e não pertinência ao conjunto. Nesse intervalo eram definidas a negação e as operações conjuntiva e disjuntiva.

Em mais de meio século muito desenvolvimento teórico foi feito, publicações especializadas foram criadas, eventos específicos organizados e diferentes aplicações propostas nas mais diversas áreas, salientando-se a exaustiva pesquisa de Dubois e Prade [2], publicada em 1980. Todo esse desenvolvimento, no entanto, foi travado principalmente por duas limitações iniciais, que foram amplamente adotadas e raramente contestadas.

A primeira limitação é referente às expressões das funções de pertinência, que denotam o grau de pertinência de um objeto a um conceito que caracteriza um conjunto. As funções dominantemente adotadas, durante todas essas décadas, foram principalmente triangulares e trapezoidais, lineares por partes, de tratamento analítico facilitado, mas uma simplificação que já se considerava inadequada no tratamento do controle de sistemas não lineares, com críticas severas inclusive do próprio Zadeh.

A segunda limitação foi a fixação do resultado das operações disjuntivas e conjuntivas como o máximo e o mínimo dos graus de pertinência dos componentes, com o objetivo de manter a idempotência desses operadores, uma condição absolutamente inapropriada, em desacordo com as mais elementares críticas sobre a teoria dos conjuntos difusos relatadas em diversos trabalhos publicados em diversas áreas.

Diversas alternativas foram propostas aos operadores máximo e mínimo para união e interseção de conjuntos, por diferentes autores, mas nenhuma delas foi capaz de substituir os operadores originais propostos por Zadeh em 1965.

Um dos objetivos do presente texto é resolver principalmente essas duas limitações, ampliando o espectro de aplicação de uma Teoria de Conjuntos Difusos mais simples e abrangente nas áreas já aplicadas e sugerir aplicações em outras áreas.

As ideias básicas foram expostas pela primeira vez em [3], Tese de Doutorado submetida à Unicamp em 1991. Em vez de considerar os graus de concordância expressos no intervalo (0,1), proposta inicial do Zadeh, preferiu-se representar os graus de concordância e discordância de um objeto a um conjunto, ou a um conceito, no intervalo (-1,1), onde o grau 1 significa concordância absoluta ao conceito e o grau -1 discordância absoluta ao conceito. Concordâncias e discordâncias difusas são representadas no intervalo (-1,1) por valores positivos e negativos, representando o valor zero o ponto de indiferença entre concordância e discordância com o conceito.

O grau de pertinência expresso no intervalo (-1,1), simplesmente por um número nesse intervalo, é facilmente interpretado como pertinência se positivo e discordância se negativo, informando ainda sobre a intensidade das percepções pelo valor absoluto desses valores.

As funções de pertinência ditas objetivas elementares são definidas em função de uma medida física do atributo ligado à definição do conceito por uma função de pertinência, contínua e monotônica, admitindo uma função inversa do grau do conceito para a medida física original, informação simplesmente perdida com as funções triangulares e trapezoidais usadas habitualmente na abordagem "clássica".

O texto pressupõe uma certa familiaridade com o que poderia ser chamado de "teoria clássica" de conjuntos difusos, algumas vezes referidos como conjuntos nebulosos, traduções alternativas da designação inglesa "fuzzy sets", cunhada por Lofty A. Zadeh, em 1965.

O presente texto não tem a intenção de apresentar uma visão exaustiva do tema, mas simplesmente de expor ideias alternativas que podem, e devem, ser objeto de investigações mais detalhadas.

Apesar de vivermos em um mundo cada vez mais digital, ou categórico, somos seres analógicos, nossas percepções e ações são graduais, variantes no tempo e extremamente dependentes do contexto.

Os conceitos apresentados resolvem de maneira satisfatória a maioria das objeções apresentadas na literatura, quando a modelagem, pela lógica proposta por Zadeh, de situações apresentadas, produz resultados contrários à intuição. O que se apresenta, então, é uma teoria original da lógica difusa, não como uma extensão da lógica clássica, mas sim, esta como um caso limite da lógica difusa.

Sumário

Capítulo 1

Conjuntos

A noção de conjunto é intuitiva, como por exemplo, agrupar objetos do universo em diferentes classes, como o conjunto de seres vivos, de árvores, de pessoas etc.

O conjunto é o universo, tudo o mais são subconjuntos. Costuma-se referir como "conjunto" os objetos de um determinado universo de discurso, em realidade um subconjunto do universo, que contém somente os elementos pertinentes à discussão.

Considere um conjunto de blocos com formatos redondos ou quadrados, pintados de branco ou preto. O subconjunto de blocos redondos compreende todos os blocos que são redondos e nenhum bloco quadrado. Dado um bloco qualquer do conjunto original, pode-se associar como pertinência dele ao subconjunto de "blocos redondos" o valor Verdadeiro se ele é redondo e Falso se não for redondo. A visão clássica da pertinência de um bloco ao subconjunto é categórica, tudo ou nada, ele pertence ou não pertence ao conjunto.

O subconjunto dos blocos quadrados pretos, ou mais formalmente "blocos (quadrados E pretos)", exclui os blocos quadrados brancos e todos os blocos redondos. Todos os blocos do conjunto original que não pertencem a esse subconjunto pertencem a seu complemento, ou o subconjunto negação do anterior, "blocos NÃO (quadrados E pretos)". Se a pertinência de um bloco ao primeiro subconjunto é Verdadeiro, sua pertinência ao segundo subconjunto será Falso, e vice-versa.

O subconjunto blocos quadrados pretos é a interseção dos subconjuntos blocos quadrados e dos blocos pretos, designado formalmente por "bloco (quadrado E preto)" que terá pertinência verdadeira ao conjunto somente se for de formato quadrado e também de cor preta. Já o complemento desse subconjunto, dos blocos com pertinência falsa ao conjunto "NÃO bloco (quadrado E preto)" que é a união dos subconjuntos "bloco NÃO quadrado" com "bloco NÃO preto", o complemento do anterior, que exclui todos os blocos quadrados, sejam brancos ou pretos, e todos os pintados de preto, sejam quadrados ou redondos.

O complemento do conjunto C, expresso como "bloco (quadrado E preto)" terá seu complemento expresso como "NÃO {bloco (quadrado E preto)}" que é igual a "bloco {(NÃO quadrado) E (NÃO preto)}"

Note-se que nesse contexto o universo de discurso é constituído exclusivamente por blocos que podem ter formato quadrado ou redondo e são pintados uniformemente de branco ou de preto. Não são considerados nesse contexto blocos com outros formatos nem pintados de qualquer outra cor, além de todo o restante do universo.

Em outro contexto, o universo de discurso que engloba única e exclusivamente os habitantes (humanos) de um município, o conjunto definido como "habilitados a dirigir" e seu complemento "não habilitados a dirigir", a pertinência de um indivíduo a um dos conjuntos é definido de forma categórica se ele possui ou não o documento de habilitação expedido pela autoridade de trânsito. Os dois conjuntos constituem uma partição do universo de discurso, pois qualquer pessoa deve pertencer a um e somente um dos conjuntos, a união deles engloba todas as pessoas, que devem ser habilitadas ou não, e sua interseção é vazia, isto é, não pode existir um indivíduo que seja ao mesmo tempo habilitado e não habilitado.

Se no mesmo contexto são definidos o conjunto "capaz de dirigir" e seu complemento "incapaz de dirigir", a situação muda, pois um indivíduo incapaz pode tornar-se capaz, mediante um aprendizado conveniente, passando de pertinente a um conjunto para o outro, ou a transição inversa, o capaz tornando-se incapaz, por deficiência física ou psicológica. A transição de um conjunto ao outro torna-se gradual, sendo difícil estabelecer um ponto definido na transição no processo contínuo de transformação na pertinência de um conjunto ao outro.

A avaliação de pertinência a um dos conjuntos passa a ser difusa, dependendo da forma como é atribuído esse grau de pertinência, não mais categórico.

CONJUNTOS DIFUSOS E ESPAÇO CONCEITUAL

No universo de discurso anterior, de blocos redondos e quadrados, suponha-se que eles fossem pintados também de diversas gradações de cinza, além de branco e preto. Nesse caso, seria difícil caracterizar um determinado bloco se pertencente ou não ao subconjunto "blocos brancos" ou "blocos pretos". A noção de pertinência não é mais categórica, tudo ou nada, mas torna-se gradual.

Dado um bloco, pintado com um determinado nível de cinza, pode-se avaliar se ele tem uma pintura de cor mais similar ao preto ou ao branco. Digamos que na avaliação desse bloco em particular considera-se sua cor mais similar ao preto que ao branco, na proporção de 30% para o branco e 70% para o preto.

Então pode-se considerar que ele pertence aos dois subconjuntos com diferentes graus de pertinência, sendo 70% mais similar ao subconjunto "blocos pretos" e 30% mais similar ao subconjunto "blocos brancos", dividindo a certeza de 100% nos dois valores 70% e 30%, pois não existe outra alternativa para a pintura dos blocos que não o cinza, com gradações contínuas entre o branco e o preto.

O conceito intuitivo de complementariedade entre os conjuntos "blocos brancos" e "blocos pretos" na versão categórica onde os blocos somente podiam ser brancos ou pretos é aceito. Na hipótese de se poder pintar os blocos de gradações de cinza, a noção de complementariedade pode ser estendida, no sentido de que quanto mais um bloco parecer preto ele menos parecerá branco e vice-versa,

Um conjunto define um conceito, permitindo a associação de um grau de pertinência de um objeto a esse conjunto ou, de forma equivalente, um grau de satisfação do objeto ao conceito que é definido pelo conjunto, por um número no intervalo (0,1), onde o valor 0,5 é interpretado como o limiar de indiferença, valores maiores que 0,5 como índices de concordância com o conceito e valores menores que 0,5 como índices de discordância com o conceito. O grau igual a um indica concordância absoluta com o conceito, e o grau igual a zero indica a discordância absoluta com o conceito, sendo o grau de pertinência 0,5 à situação de indiferença à satisfação ou insatisfação do conceito.

No bloco do exemplo acima, no intervalo (0,1), pode-se associar um grau de pertinência 0,7 ao conceito "bloco preto" e 0,3 ao conceito "bloco branco". Note-se que a soma dos graus de concordância e de discordância deve ser sempre igual a um, ou 100%.

Um espaço conceitual mais significativo para expressar o grau de satisfação de um objeto a um conjunto ou conceito é o intervalo (-1,1), onde zero expressa o limiar de indiferença, graus positivos expressam concordâncias graduais com o conceito e graus negativos expressam discordâncias graduais com o conceito. A concordância e discordância absolutas são expressas pelos valores extremos do intervalo, mais um e menos um.

Neste texto será sempre considerado o espaço conceitual definido no intervalo (-1,1), e se *zc* expressa o grau de pertinência de um objeto a um conceito nesse espaço conceitual, o grau de pertinência do mesmo objeto ao mesmo conceito no intervalo (0,1), ou em percentuais, designado por *zp*, podem ser trivialmente relacionados pelas expressões abaixo.

$$zp = \frac{(zc + 1)}{2} \quad \text{e} \quad zc = 2.zp - 1$$

No caso do bloco do exemplo anterior, neste novo espaço conceitual de (-1,1), ele terá um grau de pertinência ao conceito "bloco preto" igual a 0,4 e ao conceito "bloco branco" igual a -0,4. No caso, sendo as duas alternativas de pertinência as únicas possíveis, o grau de concordância ao conjunto "blocos pretos" deve ser igual ao grau de discordância ao conjunto complementar "blocos brancos", ou seja, ao grau de concordância ao conjunto "blocos não brancos".

Tabela 1.1 – Relação entre os índices percentuais e conceituais.

zp	0,01	0,1	0,2	0,3	0,4	0,5	0,6	0,7	0,8	0,9	0,99
zc	-0,98	-0,8	-0,6	-0,4	-0,2	0	0,2	0,4	0,6	0,8	0,98

No espaço conceitual o grau de indiferença é z=0, significando nem concordância nem discordância com o conceito. Graus positivos de z indicam concordância e negativos, discordância com o conceito.

ESPAÇO GEOMÉTRICO

O espaço conceitual é útil na interpretação dos graus de pertinência de objetos a conceitos, mas os operadores difusos podem ser expressos de maneira muito mais simples em um espaço geométrico, definido abaixo. Se z é o grau de pertinência no espaço conceitual, pode-se definir um grau de pertinência geométrico, ***y*** ligado a ***z*** pelas expressões das transformadas geométrica e difusa, mostradas abaixo.

$$y = (z) = \frac{1+z}{1-z} \qquad \text{e} \qquad z = (y) = \frac{y-1}{y+1} \tag{1.2}$$

O grau de pertinência geométrico é expresso por um número real positivo, onde valores maiores que um representam variados graus de concordância, até a concordância absoluta com um valor infinito, e valores menores que um representam variados graus de discordância, até a discordância absoluta com o valor zero. O grau de indiferença geométrica é y=1.

As transformadas definidas em (1.2), a geométrica $\Gamma(z) = y$ e a difusa $\Phi(y) = z$, ou conceitual, são úteis para facilitar a definição das diversas operações difusas que serão definidas no espaço geométrico. A relação entre os valores z e y é mostrada na figura Fig. 1.1, notando-se a escala logarítmica no eixo da pertinência geométrica.

A conceituação de pertinência geométrica é fundamental para todo o desenvolvimento da teoria que será apresentada a seguir. A forma básica da função (1.2) que relaciona a pertinência conceitual com a pertinência geométrica, com uma pequena correção na escala de y, é a expressão de uma tangente hiperbólica, uma das mais belas e civilizadas das expressões matemáticas.

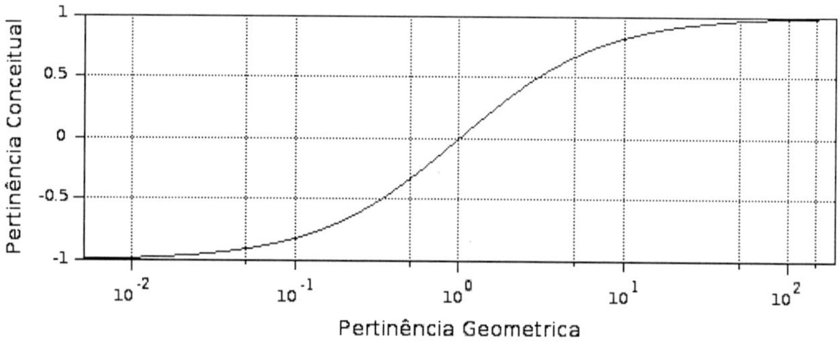

Fig. 1.1 - Relações entre Pertinências

A propriedade da função de pertinência, de ser assintótica aos extremos (menos um e mais um) não é só conveniente, mas também necessária. A pessoa mais alta de que se tem notícia, teria um grau de pertinência muito próximo de um, por exemplo, 0,990, mas ao se conhecer uma pessoa ainda mais alta, o que sempre é possível, esta deveria ter um grau de pertinência ainda maior, por exemplo 0,995.

Os possíveis graus de pertinência de um objeto caracterizado por uma propriedade física expressa por uma medida em uma escala geométrica, como um valor numérico real, como massa, altura, densidade etc., será sempre assintótico aos valores extremos, pois um objeto que tenha uma medida de valor zero ou infinito simplesmente não existe. Portanto, não são admitidos graus de pertinência geométrica zero ou infinito, da mesma forma que também não serão admitidos os graus de pertinência conceitual iguais a 1 ou -1.

FUNÇÕES DE PERTINÊNCIA

Uma função de pertinência associa a um objeto um grau de pertinência a um conceito. Essa associação pode ser razoavelmente objetiva, quando o grau de pertinência do objeto ao conceito pode ser ligado à medida de um atributo físico do objeto, impondo uma relação de ordem entre o grau de pertinência e o atributo físico do objeto. Será designado como um conceito elementar aquele que pode ser expresso por uma função de pertinência monotônica, que pode ser crescente ou decrescente com o atributo físico.

Como exemplos de funções que serão designadas como objetivas, o conceito "pessoa pesada" pode ser ligado ao peso da pessoa, o conceito "pessoa jovem" pode ser ligado à idade da pessoa e o conceito "pessoa rica" pode ser ligado ao patrimônio financeiro da pessoa. A será mais pesado que B se seu peso for maior que o peso de B, A será mais jovem que B se sua idade for menor que a idade de B, e A será mais rico que B se seu patrimônio for maior que o de B. Uma relação de ordem é estabelecida para os elementos.

Funções de pertinência subjetivas não são passíveis de modelagem trivial a partir de atributos físicos dos objetos, como os conceitos "pessoa simpática", "clima agradável" ou "paisagem bonita". Uma função de pertinência para um conceito elementar deve ser idealmente, monotônica, contínua e diferenciável.

CONCEITOS OBJETIVOS GEOMÉTRICOS

Um conceito objetivo geométrico está ligado a um atributo do objeto medido em uma escala geométrica, onde é relevante a relação entre as medidas relativas a dois objetos e não a diferença aritmética dessas medidas. Sendo x a medida do atributo físico do objeto ligado ao conceito, expresso como um número positivo em uma unidade qualquer de medida, o grau y de pertinência geométrica do objeto ao conceito pode ser dado pela expressão

$$y = \left(\frac{x}{Q} \right)^{W} \qquad (1.3)$$

onde os parâmetros Q e W determinam a dependência contextual; Q, expresso na mesma unidade de medida de x, determina o limiar entre a concordância e a discordância ao conceito, e W, adimensional, determina a amplitude relevante da faixa de variação de x. A pertinência conceitual z pode ser deduzida pela transformada difusa definida em (1.2).

Como um exemplo, a figura (1.2) apresenta o gráfico dos graus de pertinência de uma pessoa ao conceito "pessoa pesada" em função do peso da pessoa, x, expresso em kg, com Q igual a 65 kg e W igual a 10. A função de pertinência e assintótica, pois a concordância absoluta com o conceito só é atingida para uma pessoa com peso infinito e a discordância absoluta somente para uma pessoa com peso zero.

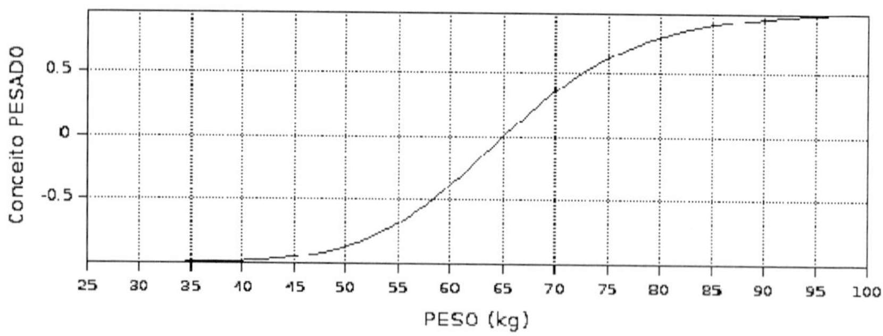

Fig. 1.2 - Conceito PESADO, com Q=65 e W=10

A expressão (1.3) produz resultados de y, e consequentemente de z, monotônicos com x, crescentes com W positivo e decrescentes com W negativo. Se a curva for traçada com o parâmetro W = -10, que corresponderia a um conceito "pessoa não pesada" (ou "pessoa leve"), a curva resultante seria exatamente simétrica à curva da fig.1.2 em relação ao eixo do conceito z = 0.

Como outro exemplo, o conceito "pessoa jovem" em função da idade x da pessoa, em anos, definida com Q igual a 35 anos e W igual a -6, é apresentada na figura 1.3.

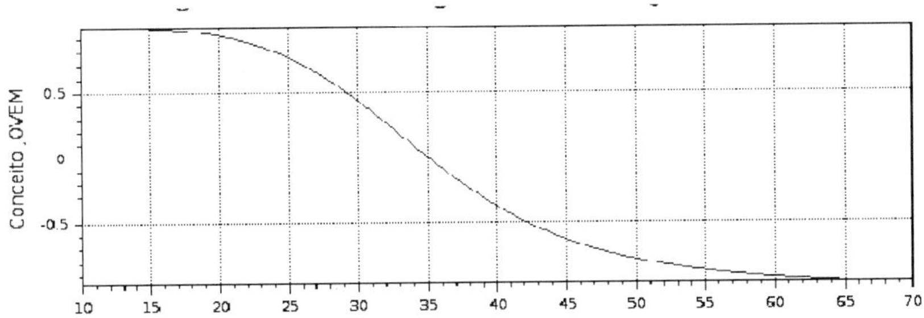

Fig. 1.3 - Conceito JOVEM com Q=35 e W=-6

A expressão (1.3) permite representar diferentes conceitos com um qualificativo comum como peso, em diferentes contextos, como "veículo pesado", "molécula pesada" ou "estrela pesada", simplesmente estabelecendo os parâmetros Q e W de forma adequada ao contexto. Um conceito abstrato como "objeto pesado" não tem sentido sem a especificação da classe do objeto e configuração do contexto específico em que ele deve ser considerado.

CONCEITOS OBJETIVOS ARITMÉTICOS

Conceitos ligados a atributos medidos em uma escala aritmética podem ser expressos por funções de pertinência semelhantes. Uma escala de medida aritmética é expressa por um número real, positivo ou negativo, onde é significante a diferença aritmética entre as medidas dos atributos de dois objetos. O atributo aritmético x pode ser convertido a um grau de pertinência geométrica normalizada pela expressão abaixo, onde os parâmetros Q e W ajustam o conceito ao contexto particular.

$$y = \left[\frac{\exp(x)}{\exp(Q)}\right]^{W} \quad (1.4)$$

Um conceito objetivo avaliado por uma medida aritmética, expressa por um número real x, positivo ou negativo, pode ser convertida a uma avaliação geométrica equivalente, pela expressão simples $x_g = \exp(x)$, podendo a nova medida geométrica equivalente ser retornada à medida aritmética original pela expressão $x = \log(x_g)$.

A figura 1.4 apresenta o gráfico do conceito "bom saldo bancário", em função do valor x expresso em milhares de reais, pela expressão 1.4, sendo a pertinência geométrica convertida em conceitual pela transformada 1.2. Os extremos do conceito, +1 e -1, somente serão atingidos com um patrimônio infinito ou uma dívida infinita.

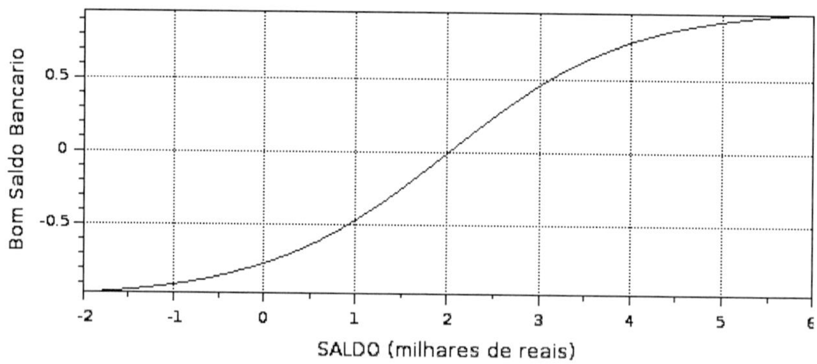

Fig. 1.4 - Conceito Bom Saldo Bancário com Q=2 e W=2

CONCEITOS SUBJETIVOS

Conceitos subjetivos devem ter seus graus de pertinência difusa z de objetos avaliados empiricamente, mas esses graus de pertinência difusos podem ser transformados em graus de pertinência geométricos pela transformada geométrica (1.2), permitindo a operação desses conceitos no espaço geométrico, na composição de conceitos mais complexos.

É importante considerar que conceitos subjetivos como "clima agradável" pode ser considerado como um conceito complexo, resultante em parte pela composição de conceitos mais simples ou elementares, alguns deles ligados a atributos físicos como temperatura do ar, velocidade do vento e umidade relativa do ar, que podem ser considerados como conceitos objetivos. A subjetividade pode se tornar, pelo menos parcialmente, objetiva.

O termo "objetivo" deve ser interpretado com cuidado, pois carrega grande subjetividade na fixação dos parâmetros Q e W, bem como na identificação do atributo físico mensurável ligado ao conceito, além da interpretação do contexto particular.

NEGAÇÃO DE CONCEITOS

Os complementos das funções de pertinência conceitual e geométrica são expressos, no espaço conceitual, por

$$z_{\neg A} = -z_A \tag{1.5}$$

e, no espaço geométrico, por

$$y_{\neg A} = 1/y_A \tag{1.6}$$

PRESERVAÇÃO DA INFORMAÇÃO

As funções de pertinência definidas preservam a informação, pois dois objetos com diferentes valores do atributo físico x ligado ao conceito terão sempre graus de pertinência geométrico diferentes, sendo sempre possível aplicar a função inversa, obtendo o valor do atributo físico a partir do grau de pertinência, o que normalmente não é possível com a quase totalidade das funções de pertinência normalmente utilizadas na abordagem clássica da teoria de conjuntos difusos, que perdem informação.

Essa característica de preservar a informação nas funções de pertinência objetivas é uma distinção importante e fundamental em comparação com as expressões de pertinência normalmente utilizadas na "teoria clássica" de conjuntos difusos, com funções de pertinência expressas por funções linearizadas, usualmente triangulares ou trapezoidais, exigindo a definição de diferentes funções para diferentes intervalos das variáveis objetivas. Por exemplo, funções de pertinência para expressar a altura de uma pessoa exige a definição de diferentes funções como "não alto", "medianamente alto", "alto", "muito alto" etc. onde as diferentes alturas não são expressas de forma precisa nos valores associados aos diversos conceitos definidos.

Nas expressões (1.3) e (1.4) o parâmetro Q estabelece o valor da grandeza física ligada ao conceito que corresponde a z=0, que significa indiferença, isto é, o objeto pode ser considerado indiferentemente como pertencente ou não ao conceito. O parâmetro Q pode ser considerado como uma espécie de "média" dos objetos que compõem o universo de discurso dentro do contexto considerado.

O parâmetro W discriminará os graus de pertinência dos conceitos do universo em uma faixa de valores relevantes para a aplicação pretendida, também considerado o contexto particular. Em uma simplificação caricatural, seria como se os parâmetros Q e W refletissem uma média e uma dispersão dos valores dos objetos.

As expressões (1.3) e (1.4), das funções de pertinência geométrica e aritmética, admitem funções inversas, resultando nos valores dos atributos físicos considerados, com os respectivos parâmetros Q e W, em função dos conceitos geométricos ou aritméticos atribuídos.

$$x_g = Q \cdot y_g^{-W} \tag{1.7}$$

e

$$x_a = Q - W \cdot \log(y_a) \tag{1.8}$$

A consequência é que, de fato, a informação original inicial do ambiente permanece preservada em todo o infinito intervalo de medida dos atributos, o que não acontece no tratamento usual "clássico" dos conjuntos difusos.

MODIFICAÇÃO DE CONCEITOS

Diferentes conceitos ligados a um mesmo atributo físico x podem ser definidos a partir da função de pertinência a um conceito básico y ligado ao mesmo atributo, por uma expressão de modificação de conceito, definida por

$$y_m = \left(\frac{y}{R}\right)^S \tag{1.9}$$

permitindo modificar os graus de pertinência y ao conceito elementar "pessoa jovem" da figura 1.3, por exemplo, para um novo conceito, "maior de idade", com y_m convertido pela expressão (1.9) com R=40 e S=-4.

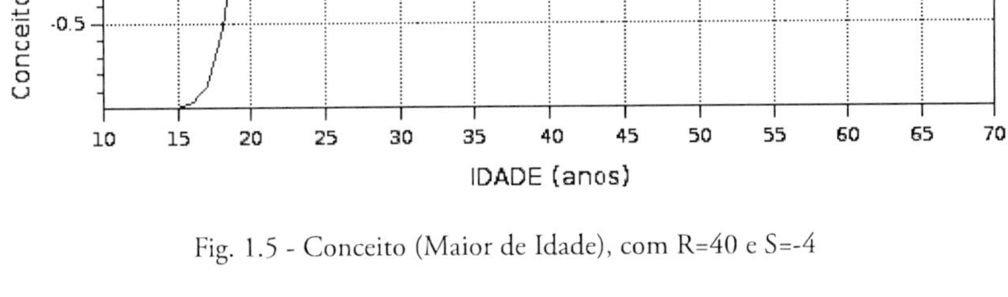

Fig. 1.5 - Conceito (Maior de Idade), com R=40 e S=-4

O conceito legal de maioridade, no entanto, é categórico, muito mais que a função de pertinência proposta, proporcionando tratamentos radicalmente diferentes a um assassino preso em flagrante um dia antes de completar 18 anos e a outro que praticou o assassinato um dia após completar 18 anos.

A modificação de conceitos preserva a informação original, sendo sempre possível recuperar o valor do atributo físico que originou o conceito geométrico.

Muitos outros conceitos podem ser representados pelas combinações que podem ser obtidas a partir de conceitos elementares, que serão discutidas no capítulo 2, adiante.

EFEITOS DA FUNÇÃO DE MODIFICAÇÃO

A função de modificação de conceitos atua sobre os graus conceituais em função de seus parâmetros R e S, o parâmetro R provocando uma translação do gráfico, dependendo de seu valor, se maior que um para a esquerda e se menor que um para a direita, e o parâmetro S, se maior que um, uma concentração ou intensificação dos valores, e se menor que um, uma dilatação ou suavização dos valores, complementando os valores dos graus conceituais se S for negativo.

Os valores dos graus conceituais que correspondem a z=0 ou y=1 são afetados unicamente pelo parâmetro R.

COMPOSIÇÃO DA FUNÇÃO DE MODIFICAÇÃO

Um conceito como "jovem" pode ser obtido a partir de um atributo x, por exemplo, a idade de uma pessoa, pela função de pertinência (1.3), com Q=35 e W= -6, mostrado na figura 1.3. Uma função de modificação desse conceito (1.9) pode gerar o conceito "maior de idade", com R=40 e S= -4, mostrado na figura 1.5, cujo conceito geométrico y_m é obtido pela transformação do conceito y da função de pertinência original.

A composição das duas funções para calcular a pertinência geométrica y_C combinada a partir do atributo original x pode ser escrita como

$$y_C = [\,(x/Q)^W / R]^S = [(x/Q)^{W.S}).\ R^{1/S} = (\,x/\ Q.R^{1/w}\,)^{W.S} \qquad (1.10)$$

que equivale a uma função de pertinência com $Q_C = Q.R^{1/w}$ e $W_C =$ W.S .

No caso das funções mostradas nas figuras (1.3) e (1.5), a função composta é equivalente a uma função de pertinência também geométrica, com Q=19 (aproximadamente) e W = 24.

PERTINÊNCIA DETERMINADA POR DOIS PONTOS

Na escolha dos parâmetros Q e W que determinam uma função de pertinência adequada a um determinado contexto, a subjetividade pode ser restrita à fixação de dois pares de valores (x,z), pelos quais podem ser calculados os parâmetros Q e W da única curva que passa por aqueles dois pontos.

Numericamente pode ser estabelecido, por exemplo, dois pares de valores (x,z), expressos pelos valores das medidas x com os correspondentes graus de satisfação z desejados.

Pela definição de pertinência geométrica (1.3) pode-se escrever.

$$y_1 = \left(\frac{x_1}{Q}\right)^W \quad \text{e} \quad y_2 = \left(\frac{x_2}{Q}\right)^W \quad \text{ou}$$

$$Q^W y_1 = x_1^w \quad \text{e} \quad Q^W y_2 = x_2^w$$

Dividindo uma expressão pela outra resulta em

$$\frac{y_1}{y_2} = \left(\frac{x_1}{x_2}\right)^w \quad \text{donde} \quad w = \frac{\log(y_1 / y_2)}{\log(x_1 / x_2)} \tag{1.11}$$

Somando uma expressão à outra resulta em

$$Q^W = (y_1 + y_2) = x_1^w + x_2^w \quad \text{ou} \quad Q^W = \frac{x_1^w + x_2^w}{y_1 + y_2}$$

que, elevando os dois termos ao expoente 1/W, resulta finalmente em

$$Q = \left(\frac{x_1^w + x_2^w}{y_1 + y_2} \right)^{1/W} \qquad (1.12)$$

As expressões (1.11) e (1.12) são suficientes para determinar os parâmetros da função de pertinência que passa exatamente pelos pontos expressos pelos dois pares de valores, (x1,z1) e (x2,z2). Note-se que os valores extremos de z somente se verificam com x iguais a zero e infinito.

O cálculo fica bastante simplificado se um dos pontos escolhidos, por exemplo, (x1,z1), tem z1=0, que corresponde a y1=1, resulta imediatamente em Q=x1, pela expressão (1.3). Se o segundo ponto for escolhido para um valor y2 correspondendo ao valor x2, o valor do parâmetro W para a função de pertinência é dado por

$$W = \frac{\log(1/y_2)}{\log(x_1/x_2)} \qquad (1.13)$$

resultando, se $y_2>1$, em uma função crescente, com W positivo, se $x_2>x_1$, e uma função decrescente, com W negativo, se $x_2<x_1$.

Capítulo 2

Operações Difusas

As operações difusas de combinação disjuntivas (**OU**) e conjuntivas (**E**) serão definidas no espaço geométrico, pela expressão generalizada proposta por Dombi [4] em 1982, definida no espaço geométrico por

$$y_{AB} = \left(y_A^{\alpha} + y_B^{\alpha}\right)^{\frac{1}{\alpha}} \tag{2.1}$$

sendo y_A e y_B as pertinências geométricas, definindo uma disjunção (união) difusa com α positivo e uma conjunção (interseção) difusa com α negativo.

A expressão (2.1) forma uma classe De Morgan de operadores difusos, pois considerando a expressão (1.6) da negação do conceito geométrico, para qualquer valor de α a negação da disjunção de dois elementos é igual à conjunção das negações desses elementos, e a negação da conjunção de dois elementos é igual à disjunção das negações desses elementos.

$$y_{\neg(A\cap B)} = \left(y_A^{-\alpha} + y_B^{-\alpha}\right)^{\frac{1}{\alpha}} = \left(y_{\neg A}^{\alpha} + y_{\neg B}^{\alpha}\right)^{\frac{1}{\alpha}} = y_{(\neg A)\cup(\neg B)} \tag{2.2}$$

$$y_{\neg(A\cup B)} = \left(y_A^{\alpha} + y_B^{\alpha}\right)^{\frac{-1}{\alpha}} = \left(y_{\neg A}^{\alpha} + y_{\neg B}^{\alpha}\right)^{\frac{-1}{\alpha}} = y_{(\neg A)\cap(\neg B)} \tag{2.3}$$

É trivial demonstrar que a expressão generalizada de combinação difusa é comutativa

$$y_{A\cup B} = \left(y_A^{\alpha} + y_B^{\alpha}\right)^{\left(\frac{1}{\alpha}\right)} = \left(y_B^{\alpha} + y_A^{\alpha}\right)^{\left(\frac{1}{\alpha}\right)} = y_{B\cup A} \tag{2.4}$$

$$y_{A\cap B} = \left(y_A^{-\alpha} + y_B^{-\alpha}\right)^{\left(\frac{-1}{\alpha}\right)} = \left(y_B^{-\alpha} + y_A^{-\alpha}\right)^{\left(\frac{-1}{\alpha}\right)} = y_{B\cap A} \tag{2.5}$$

e também distributiva, como pode ser trivialmente demonstrado, mas não é idempotente

$$y_{A\cup A} > y \quad \text{e} \quad y_{A\cap A} > y \tag{2.6}$$

com exceção dos limites extremos de y, zero e infinito.

Como discutido adiante, o resultado da disjunção ser maior que qualquer um de seus componentes e a conjunção ser menor que qualquer um de seus componentes é fundamental para a solução das principais críticas publicadas sobre a teoria "clássica" dos conjuntos difusos na modelagem de $y_{(A\cup\neg A)} > 1$ situações que apresentam resultados em discordância com a intuição comum.

Também deve ser observado que no limite, quando α tende a mais ou menos infinito, a disjunção e a conjunção tornam-se o máximo e o mínimo de seus componentes, como originalmente proposto por Zadeh [1], o que é um simples caso limite da expressão (2.1), com $\alpha = \pm\infty$.

A intenção de Zadeh de restringir as operações lógicas ao máximo e mínimo, adotada de forma generalizada, provocou uma séria restrição ao desenvolvimento da teoria e aplicações dos conjuntos difusos em mais de cinco décadas. A surpreendente conclusão não é que a lógica difusa é uma extensão da lógica clássica, mas que esta é um caso particular desta lógica difusa, quando alfa tende a $\pm\infty$.

COMBINAÇÕES DIFUSAS PRÓPRIAS

A expressão (2.1) pode ser particularizada com $\alpha = 1$, resultando na disjunção própria, uma agregação aritmética

$$y_{A\cup B} = y_A + y_B \tag{2.7}$$

e com $\alpha = -1$, resultando na conjunção própria, uma agregação harmônica

$$y_{A\cap B} = \left[\left(y_A\right)^{-1} + \left(y_B\right)^{-1}\right]^{-1} = \frac{1}{\left(\frac{1}{y_A}\right) + \left(\frac{1}{y_B}\right)} \tag{2.8}$$

existindo justificativas intuitivas sólidas para que a união seja maior que qualquer um de seus componentes e a intersecção menor que qualquer um de seus componentes.

Suponha que você tem uma dúzia de amigos, pessoas respeitáveis às quais você atribui o mesmo grau de credibilidade ao ser informado de uma notícia ou boato por qualquer um deles. Seu grau de credibilidade à notícia independe de quem a deu, um ou outro dos amigos. Se um dos amigos lhe dá uma notícia, por exemplo, de mais um caso de corrupção em algum órgão governamental, você atribui a ela um grau de credibilidade estabelecido. Se a notícia é repetida por outros dois amigos, seu grau de credibilidade, evidentemente, cresce, e se todos os amigos a confirmam, ele pode atingir um nível de quase certeza. O efeito é observado, com frequência, nas campanhas eleitorais.

Embora o nível de credibilidade possa ser idêntico para todos, a crença na veracidade de uma notícia dada por dois amigos é maior que a da notícia dada por somente um. A combinação disjuntiva dos graus de credibilidade aumenta depois ao receber a mesma notícia de um novo amigo. De forma mais simples, a mesma notícia trazida por dois amigos com idênticos graus de credibilidade apresenta um grau maior do que se fosse trazida por um único amigo. A combinação disjuntiva, portanto, não é idempotente, mas sempre maior que qualquer de seus componentes.

De forma similar, ao se buscar uma pessoa que pretenda ser bonita E rica, um conceito composto conjuntivo, se duas candidatas possuem o mesmo grau de pertinência ao conceito rica, mas seus graus de pertinência ao conceito bonita são diferentes, a candidata com maior grau de pertinência ao conceito composto será a mais bonita das duas. Também nesse caso a combinação disjuntiva não deve ser idempotente, mas menor que qualquer de seus componentes.

Ainda sobre o conceito composto bonita E rica, se fosse expresso de forma alternativa, rica E bonita, poderia ser entendido como um conceito diferente, pois é usual se considerar que a ordem dos predicados induz uma importância relativa diferente aos mesmos. Então a combinação conjuntiva pode não ser nem comutativa, propriedade que pode ser estendida à combinação disjuntiva, por uma linha de raciocínio similar. A não comutatividade das operações de união e interseção será discutida mais adiante, podendo ser resolvida pela ponderação dos conceitos constituintes, mediante adequadas funções de modificação de conceitos.

O TERCEIRO (não) EXCLUÍDO

O princípio do terceiro excluído da lógica clássica categórica estabelece que um conjunto e seu complemento (negação) constituem uma partição do universo: sua disjunção (união) é o universo, isto é, qualquer objeto deve pertencer ao conjunto ou a sua negação, e sua conjunção (interseção) deve ser vazia, isto é, não pode existir nenhum objeto do universo que pertença tanto ao conjunto quanto a sua negação.

O princípio do terceiro excluído não é satisfeito fora da situação limite de $\alpha = \pm \infty$, pois dado um conceito A, a união de A e não A não é o universo, mas menor que a confirmação absoluta, e a intersecção de A e não A não é vazia, mas maior que a negação absoluta. Considerando o conceito "pessoa pesada" mostrado na figura 1.2, referido simplesmente como "pesado", e sua negação, designada como "leve", existem indivíduos com um razoável grau de satisfação à disjunção dos dois, o conceito "leve OU pesado", bem como indivíduos com graus de satisfação ao conceito "não (leve E pesado)" maiores que menos um. A figura 2.1 mostra os gráficos dos conceitos compostos $y_{(A \cup \neg A)} > 1$ e $y_{(A \cap \neg A)} > -1$, junto com os gráficos de A e ¬A, para comparação, utilizando as funções próprias, com alfa igual a ± 1.

Na figura 2.1 os gráficos são apresentados em função do conceito z. As duas retas são os gráficos do conceito z, a crescente, e da negação do conceito z, a decrescente. A curva superior é a união de z com sua negação e a inferior é a intersecção de z com sua negação. A união apresenta valores menores que um, com um mínimo de um terço, e a intersecção apresenta valores maiores que menos um com um máximo de menos um terço. O princípio do terceiro excluído somente se verifica nos limites dos valores de z, um e menos um.

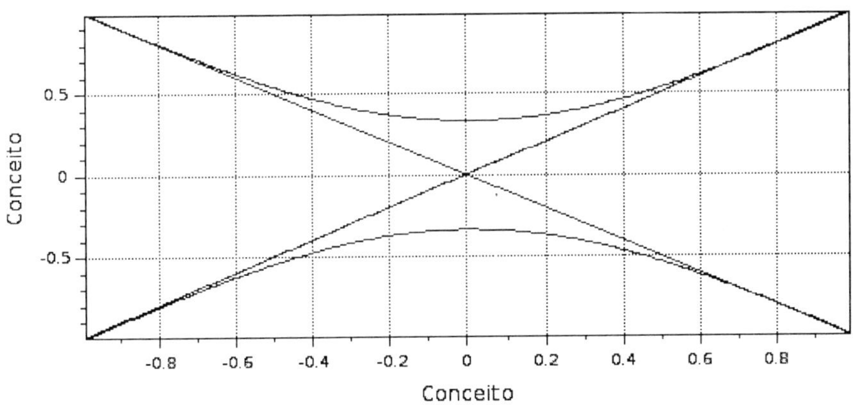

Fig. 2.1 - Terceiro (NÃO) excluído

Não podemos deixar de salientar a contribuição de Dombi [4] pela sua expressão generalizada de combinações conceituais, quando constatamos que nossas propostas [3] eram um caso particular da expressão (2.1) para valores de alfa iguais a mais e menos um, e que a proposta original de Zadeh [1], ainda aceita e utilizada, era um caso particular da mesma expressão, com alfa igual a mais e menos infinito, um caso extremo.

Os conceitos fundamentais de pertinência geométrica e as combinações próprias disjuntiva e disjuntiva com alfa igual a mais ou menos um, foram apresentadas em diversos eventos da área [5], [6], [7], [8], [9], [10] e [11], sem resultarem em quaisquer manifestações de interesse.

COMPOSIÇÃO DE CONCEITOS

Conceitos compostos podem ser obtidos por combinações de conceitos mais elementares, como por exemplo, o conceito "jovem maior de idade", como uma composição conjuntiva do conceito "jovem", mostrado na figura 1.3, com o conceito "maior de idade", mostrado na figura 1.5. O resultado é mostrado na figura 2.2. O contraste do conceito pode ser intensificado pela expressão de modificação de conceitos (1.9), aplicada com R=1 e S=2, com resultado mostrado na Fig. 2.3.

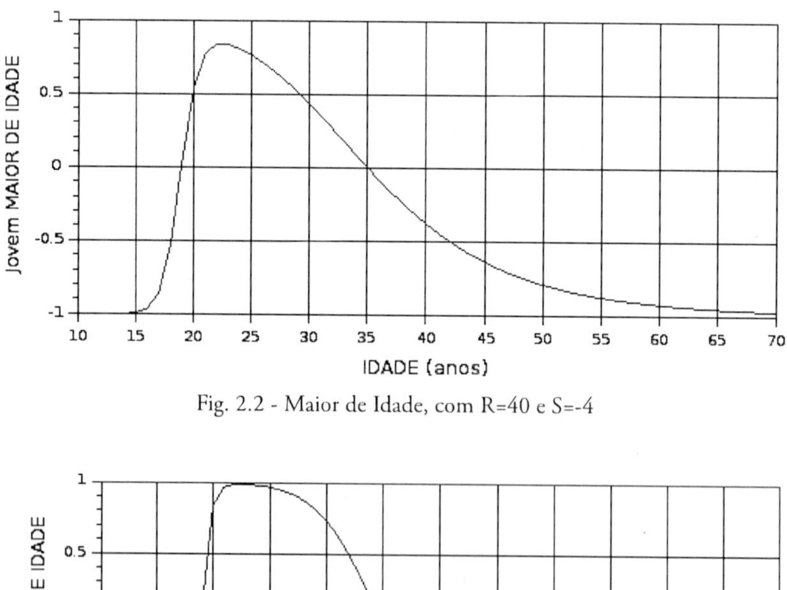

Fig. 2.2 - Maior de Idade, com R=40 e S=-4

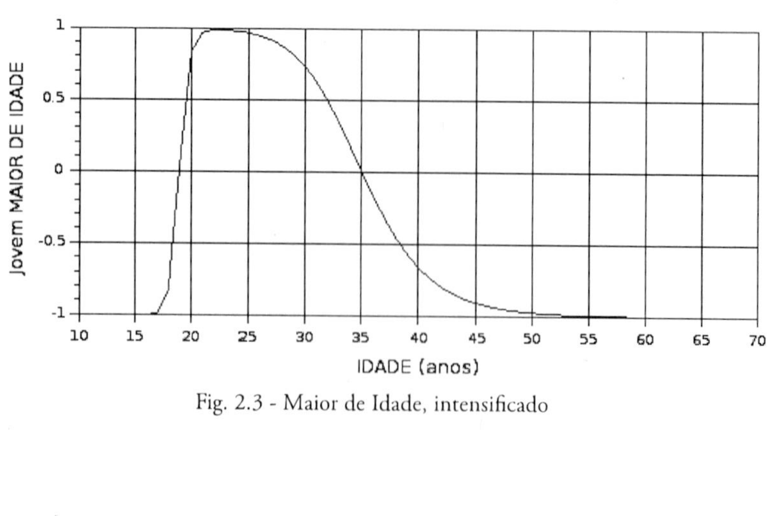

Fig. 2.3 - Maior de Idade, intensificado

O conceito "pessoa pesada" como mostrado na figura 1.2 pode ser combinado com o conceito "pessoa alta", mostrado na figura 2.4, calculado com Q=170 cm e W=14, produzindo o conceito composto "pessoa grande", definido como a conjunção "pessoa (alta E pesada)", mostrada na figura 2.5.

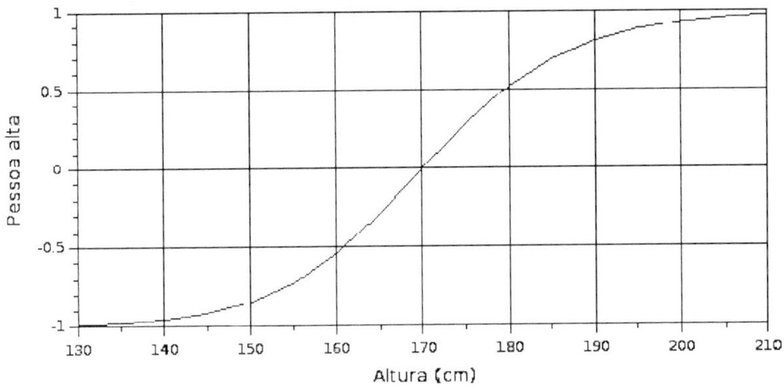

Fig. 2.4 - Pessoa alta, com Q=170, W=20

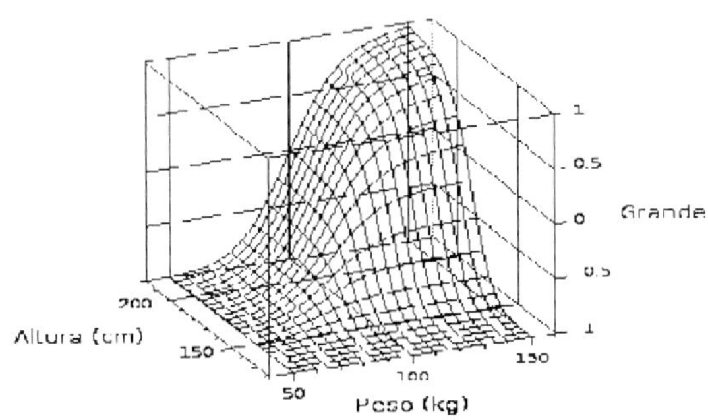

Fig. 2.5 - Pessoa grande

Outra combinação das mesmas funções anteriores pode representar o conceito "pessoa mal proporcionada", definido como uma pessoa (baixa E gorda) OU (alta e magra), que será o *ou exclusivo* (XOR), cujo resultado é exibido na figura 2.6.

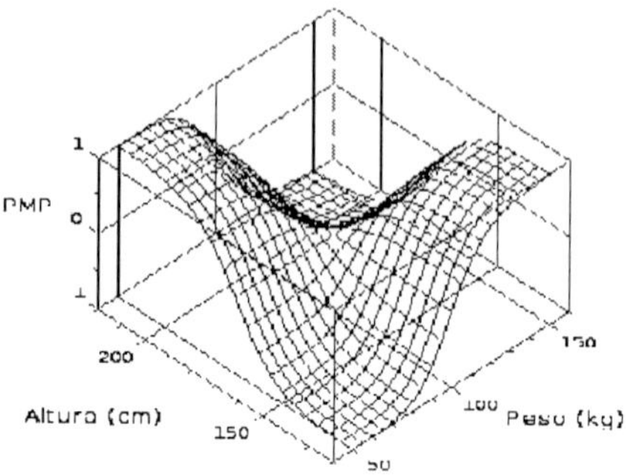

Fig. 2.6 - Pessoa mal proporcionada

OUTROS OPERADORES DIFUSOS

Conceitos monotônicos sobre um atributo podem ser construídos mediante combinações conjuntivas ou disjuntivas de conceitos diferentes definidos sobre o mesmo atributo, sob diversos valores para o valor alfa da expressão (2.1).

Seja o exemplo das funções mostradas na figura 2.7, de dois conceitos A e B, obtidos a partir do mesmo atributo x, definido entre 10 e 20, com parâmetros $Q_A=Q_B=15$, $W_A=8$ e $W_B=30$.

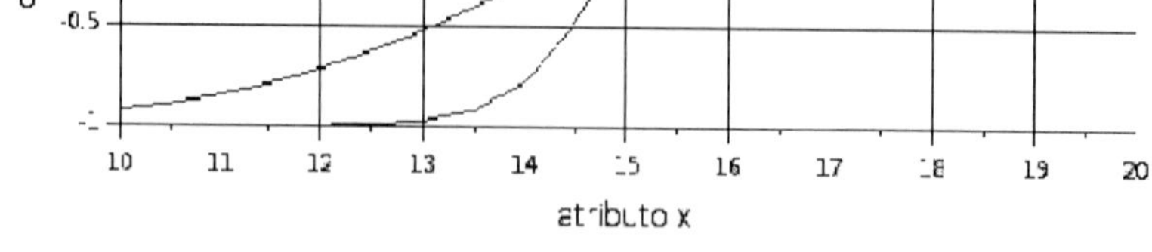

Fig 2.7 - conceitos com diferentes contrastes

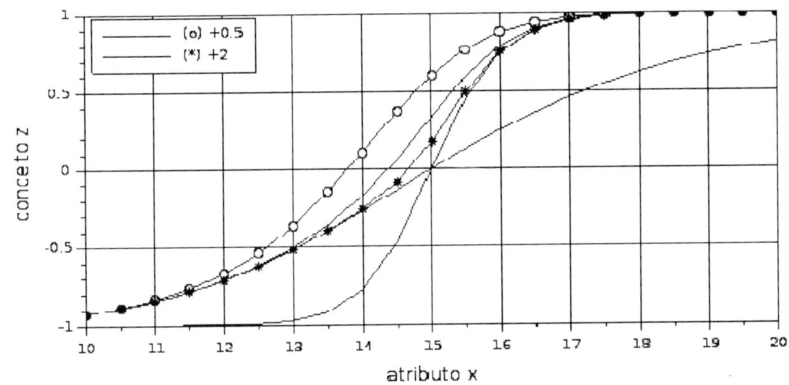

Fig 2.8 - Combinações disjuntivas

Combinações difusas podem ser efetuadas pelo operador generalizado da expressão (2.1), com diferentes valores de α. A combinação disjuntiva desses conceitos com α igual a 0,5, 1 e 2 é mostrada na figura 2.8, evidenciando claramente que valores crescentes de α tendem, no infinito, ao máximo dos valores dos componentes.

A combinação conjuntiva desses conceitos com α igual a -0,5, -1 e -2 é apresentada na figura 2.9, mostrando também claramente que valores crescentes negativamente de α tendem, em menos infinito, ao mínimo dos valores dos componentes.

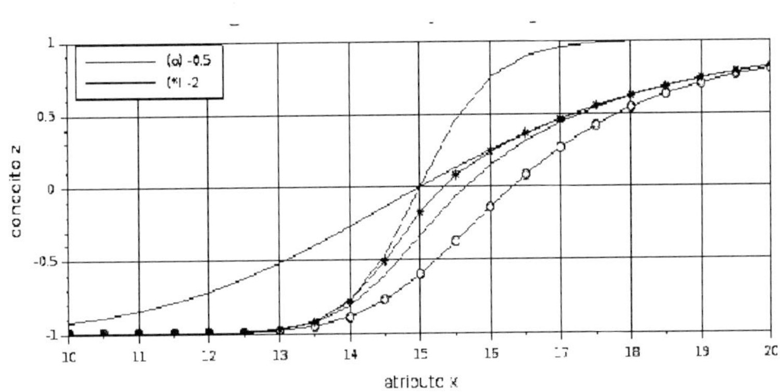

Fig 2.9 - Combinações conjuntivas

Os operadores máximo e mínimo são simplesmente casos extremos da expressão generalizada (2.1), enquanto os valores próprios de combinação, com alfa igual a mais e menos um mostram-se mais adequados com o que se espera intuitivamente.

A partir dos princípios aqui apresentados, será aconselhável uma revisão geral nos trabalhos publicados nestes mais de cinquenta anos, na área de sistemas difusos, usando funções de pertinência linearizadas e operadores de máximo e mínimo.

MÉTRICA E SIMILARIDADE

Para comparar os graus de satisfação de diferentes objetos a um mesmo conceito é conveniente definir uma métrica no espaço conceitual, para expressar a similaridade de objetos a um conceito no mesmo contexto. Por conveniência e simplicidade, a métrica proposta será também definida no espaço geométrico, cuja transformação para o espaço conceitual expressa a similaridade no intervalo (-1,1).

MÉTRICA EM UMA DIMENSÃO

Uma expressão adequada para medir a similaridade de dois objetos A e B com pertinências geométricas yA e yB, definidas no mesmo contexto, pode ser dada por

$$y_{(A?B)} = \frac{y_A * y_B}{(y_A - y_B)^2} \tag{2.9}$$

e a similaridade conceitual simplesmente por $z_{(A?B)} = (y_{A?B})$.

A seguir são mostradas as similaridades de diversas funções de pertinência de "pessoa alta" a um protótipo com x=180 cm.

Considerando o conceito "pessoa alta" já definido e mostrado na figura 2.4, com Q=170 cm e W=20, a similaridade de pessoas com diferentes alturas ao protótipo escolhido com padrão de altura de 180 cm é mostrado na figura 2.10, junto com o gráfico do conceito de "pessoa alta", para comparação.

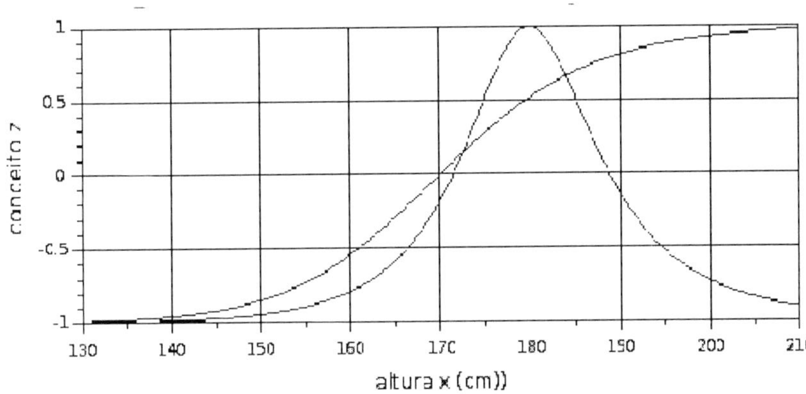

Fig 2.10 - Similaridade com Q=170, W=20

Quando a altura da pessoa comparada com o padrão tem a mesma altura que ele, o denominador da expressão (2.9) tende a zero, resultando um valor infinito, que corresponde a uma similaridade conceitual igual a um. Em realidade, na implementação do traçado da função de similaridade geométrica foi adicionado, no denominador da função (2.9), um fator igual, por exemplo a 10^{-5} (um "infinitésimo"), para evitar a divisão por zero no pacote matemático utilizado, o que ocorreria na comparação de dois objetos com exatamente a mesma pertinência geométrica.

Para melhor perceber as alterações nos parâmetros Q e W das funções de pertinência do conceito "pessoa alta" da determinação da similaridade ao mesmo padrão de altura igual a x_p=180 cm, as figuras a seguir permitem algumas observações, considerando os valores correspondentes de y_p e z_p.

Ao padrão x_p=170 corresponde y_p=(x_p/Q)^W, valor considerado no cálculo do índice de similaridade, variando somente com Q nas figuras 2.11 e

2.12, e somente com W nas figuras 2.13 e 2.14. Pela observação das figuras verifica-se visualmente que o parâmetro Q não altera significativamente as curvas de similaridade, ao passo que a variação de W influi bastante nessas curvas, principalmente no intervalo de valores de x que resultam em similaridade positiva com o padrão, estreitando esse intervalo com o aumento de W e aumentando com o decréscimo de W.

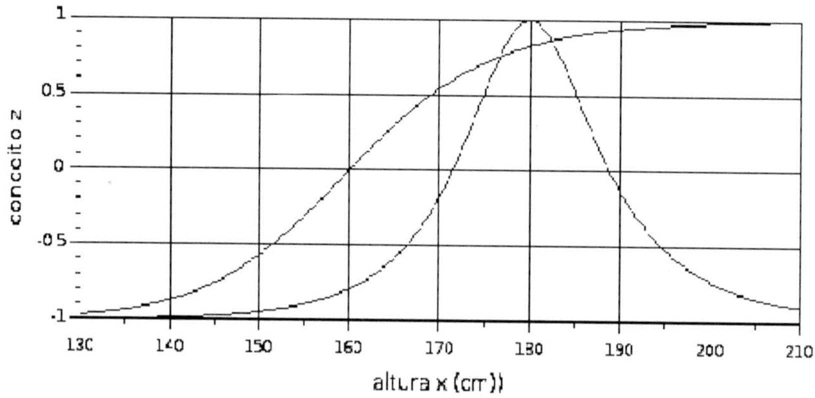

Fig 2.11 - Similaridade com Q=160, W=20

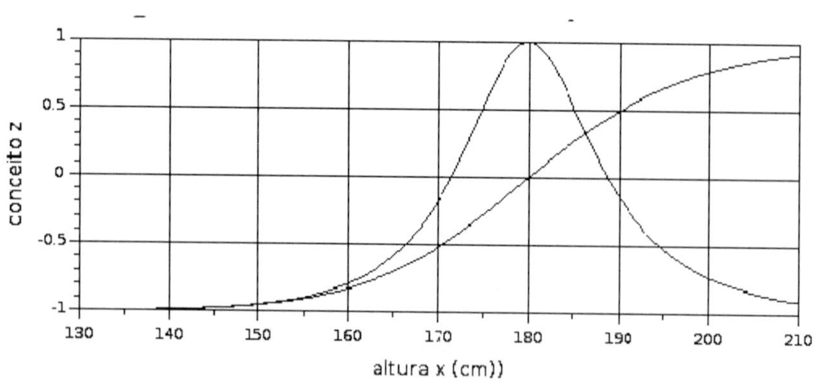

Fig 2.12 - Similaridade com Q=180, W=20

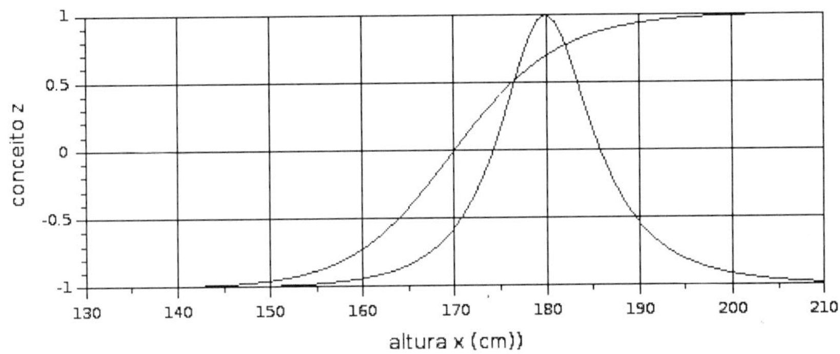

Fig 2.13 - Similaridade com Q=170, W=30

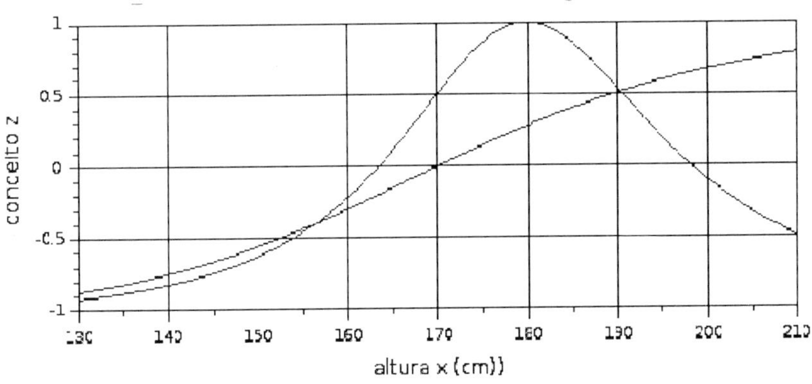

Fig 2.14 - Similaridade com Q=170, W=10

MÉTRICA EM DIMENSÕES SUPERIORES

Em espaços conceituais com mais de uma dimensão, como o do conceito "pessoa grande" da figura 2.5, a similaridade entre dois objetos nesse espaço é o resultado da combinação conjuntiva das similaridades dos objetos nos conceitos elementares que formam as coordenadas do espaço conceitual. Se considerarmos o protótipo de uma pessoa normal com altura de 161 cm e peso de 76 kg, o grau de similaridade de uma pessoa qualquer a esse protótipo está apresentado na figura 2.15.

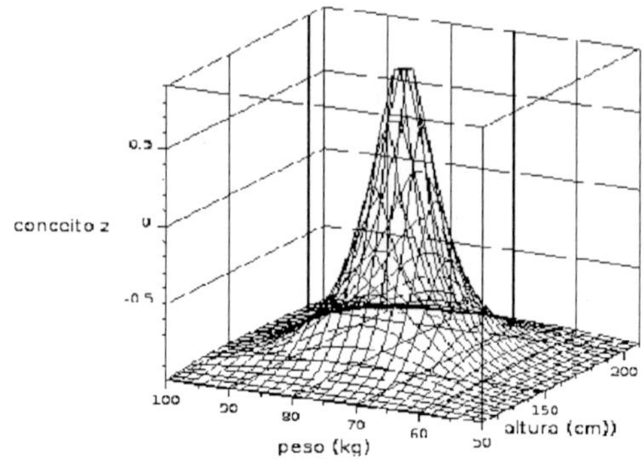

Fig 2.15 - Similaridade com 160 cm e 75 kg

A representação em curvas de nível, que facilita a visualização, está apesentada na figura 2.16.

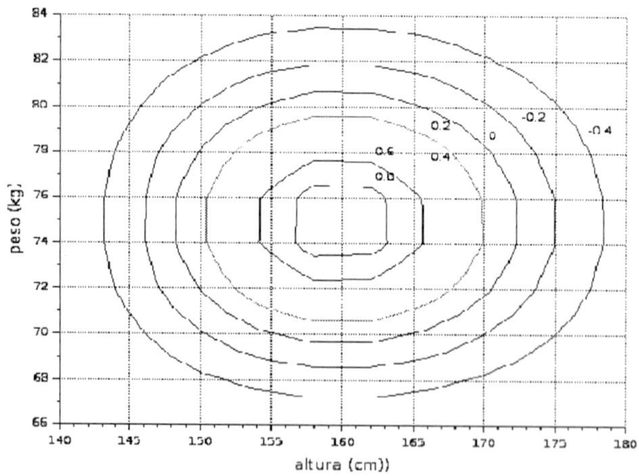

Fig 2.16 - Similaridade com 160 cm e 75 kg

É trivial verificar que a expressão da similaridade de um conjunto de valores, representados por uma função de pertinência geométrica com parâmetros Q e W, a um protótipo qualquer depende exclusivamente do parâmetro W, sendo independente de Q. O parâmetro W determina somente a dispersão da curva de similaridade, o que pode ser facilmente ajustado por uma função de modificação com parâmetro R=1 e S ajustado adequadamente.

EVIDÊNCIAS EXPERIMENTAIS

Muitos experimentos já foram realizados e muitos outros podem ser programados, visando a avaliação das intensidades das percepções psicológicas a diferentes estímulos. A lei de Stevens estabelece que a relação entre a magnitude da impressão psicológica resultante de um estímulo e a intensidade física da grandeza que provocou o estímulo segue uma lei de potência

$$J = K.I^t \qquad (2.10)$$

onde J é a intensidade da percepção psicológica, K um fator ajustável, I a intensidade do estímulo físico e t o expoente da expressão. O valor do expoente t foi determinado experimentalmente para diversos estímulos, alguns deles listados na tabela 2.1.

Tabela 2.1 – Expoentes da lei de Stevens

Estímulo	expoente
Audição em um ouvido	0,3
Brilho luminoso	0,3
Sabor de sacarina	0,8
Sabor de sal	1,3
Peso de objetos	1,5
Aperto de mão	1,7
Comprimento de uma linha	1,0
Choque elétrico nos dedos	3,5

Os gráficos das figuras 2.17 mostram as curvas intensidade de percepção do comprimento de uma linha ("linha"), de aperto de mão ("aperto") e de sabor de sal ("sal"), em unidades arbitrárias e em escalas logarítmicas e lineares.

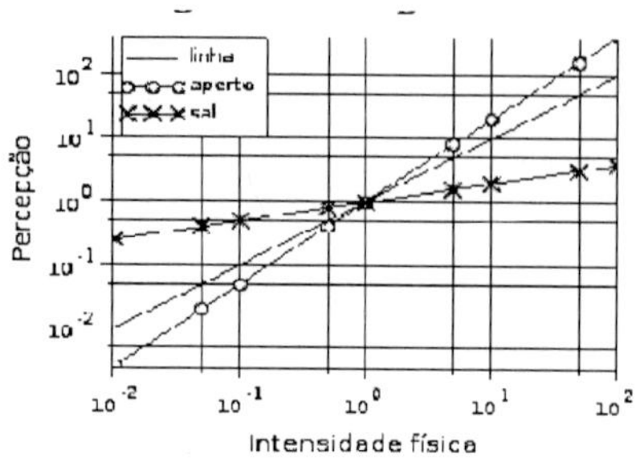

Fig 2.17 - Logarítmica

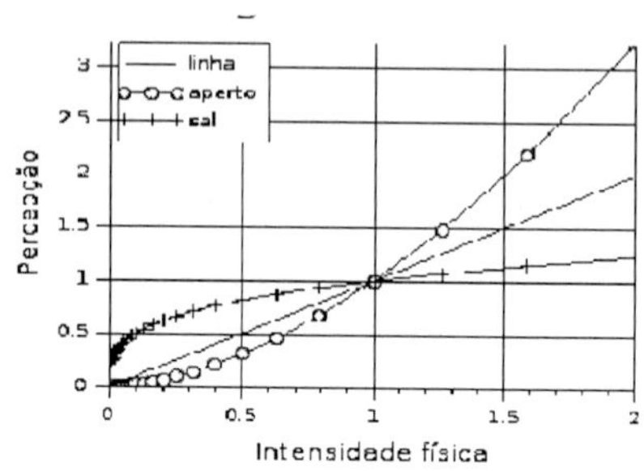

Fig 2.17 - Linear

Deve-se ainda considerar os trabalhos de Weber e Fechner, ainda no século XIX, que estudaram a JND ("just noticeable difference"), ou seja, a menor diferença do estímulo físico em relação a um padrão que pode ser percebido. Se S é o estímulo padrão, a diferença mínima perceptível é expressa por

$$JND = dS = k.S \qquad \text{ou} \qquad k = dS/S \qquad (2.11)$$

sendo então a constante k dependente, evidentemente, da intensidade do estímulo padrão e do tipo de estímulo que produz a percepção psicológica.

As primeiras constatações sobre a invariância do parâmetro k para a percepção de um mesmo tipo de estímulo, por exemplo, se o mínimo de peso que deve ser acrescentado a um peso de 1 Kg para ser percebido é de dez gramas (1%), então para perceber o aumento de um peso de 10 Kg será necessário o acréscimo de cem gramas, o mesmo 1%.

Seria interessante investigar essa situação considerando o avaliador sustentando na mão estendida um peso de um ou cinco Kg, ou um halterofilista levantando um haltere de 100 ou 150 Kg. Não encontramos nenhum relato de tal experimentação documentada sobre a real invariância do parâmetro k.

PERCEPÇÃO DE DOÇURA

Uma avaliação experimental, descrita em [12], foi realizada para medir a percepção do grau de doçura de soluções de açúcar em água destilada. As diversas concentrações foram de 0,5, 0,6, 0,7, 0,8, 0,9, 1, 1,1, 1,2, 1,3, 1,4 e 1,5 colheres de açúcar em um copo d'água. A solução de uma colher de açúcar em um copo d'água foi considerada o padrão.

O experimento consistiu em apresentar, a diferentes avaliadores, duas amostras de solução, sendo uma delas sempre a solução padrão, selecionadas de forma e sequência aleatórias, solicitando sua indicação de qual era a mais doce. A tabela abaixo mostra, em percentagem, o número de vezes em que uma dada solução foi considerada mais doce que a solução padrão.

Tabela 2.2 – Percepção mais doce que o padrão

obs	0,5	0,6	0,7	0,8	0,9	1	1,1	1,2	1,3	1,4	1,5
%	4	8	13	28	37	50	60	68	75	90	97
0,1	0,04	0,08	0,13	0,28	0,37	O,5	0,6	0,68	0,75	0,9	0,97
-1,1	-0,92	0,84	-0,74	-0,44	-0,26	0	0,2	0,36	0,5	0,8	0,94

A primeira linha da tabela 2.2 registra o conteúdo de açúcar dissolvido em um copo d'água na solução sob teste, em comparação com a solução padrão com uma colher de açúcar dissolvido, à esquerda soluções de teste consideradas menos doces que o padrão e à direita soluções consideradas mais doces que o padrão. No teste de uma solução de teste que é idêntica ao padrão, o resultado estatisticamente esperado é que na metade dos testes o padrão é considerado mais doce e na outra metade menos doce, o que justifica o resultado de 50%, decidido aleatoriamente entre as duas amostras idênticas para indicar a mais doce.

Na terceira linha da tabela os percentuais da segunda linha são expressos como graus de pertinência ao conceito "solução doce", em comparação com o padrão, no intervalo (0,1) e, na quarta linha, os graus de pertinência no intervalo

(-1,1), calculados pela expressão (1.1).

Um conceito "doce", definido por uma função de pertinência geométrica em função da concentração do açúcar diluído na água, em unidades de colher de açúcar, com Q=1 e W=5, pode ser comparado com os valores da tabela com os resultados experimentais, mostrado na figura 2.18. Os valores previstos pela função de pertinência diferem mais significativamente dos valores experimentais para maiores concentrações de açúcar.

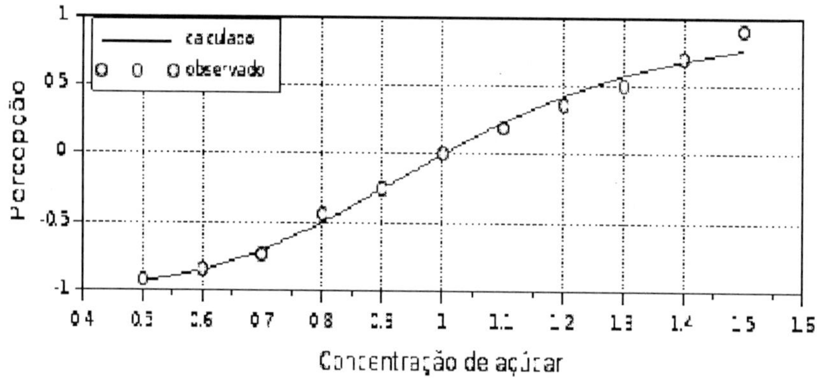

Fig 2.18 - Comparação com dados experimentais

A falta de rigor científico na descrição da experiência dá margem a dúvidas e interpretações diferentes. Copos d'água com oito ou dez colheres de açúcar produzirão soluções provavelmente não distinguíveis, uma vez que ambas estarão, certamente, saturadas. A solução absolutamente doce será a saturada, e a absolutamente não doce a de pura água destilada, sem açúcar, mas mesmo nesse caso duas amostras de água destilada ou de soluções saturadas podem ser consideradas diferentes por um avaliador.

Entretanto, os limites para os possíveis resultados dos testes só podem estar entre um máximo de 100% ao se considerar a solução do teste (possivelmente saturada) como mais doce que o padrão e um mínimo de 0% de se considerar a solução do teste (possivelmente água destilada) como mais doce que o padrão. A característica dos graus de pertinência de ser assintótica aos extremos menos um e mais um é plenamente justificada.

Um experimento fácil de realizar pode ser feito com coleções de blocos com diferentes pesos em torno de um padrão, solicitando aos participantes a indicação de qual bloco do que está em cada uma das mãos é o mais pesado e ajustar funções de pertinência aos resultados dos experimentos.

Uma escola de segundo grau pode ser um ambiente excelente para a realização de experimentos desse tipo, pois os alunos podem ser motivados a partir de explanações sobre a lei de Stevens, por exemplo, e sua importância na psicologia, e facilmente desafiados a descobrir novos relacionamentos científicos que podem ser apresentados em feiras de ciências. Sim, eles também podem produzir ciência, além de motivar seus professores e desenvolver a criatividade de todos.

Adicionalmente, pode ser interessante verificar a invariância do parâmetro k na expressão (2.11), ou sua possível dependência da ordem de grandeza dos estímulos físicos utilizados no experimento.

TEORIA DE PROTÓTIPOS

A teoria de protótipos da psicologia cognitiva defende que nosso processo de reconhecimento de um objeto, como pertencente ou representativo de uma classe ou conceito, é feito por meio de uma medida de similaridade do objeto a um protótipo da classe ou conceito. Quanto mais similar o objeto ao protótipo, maior seu grau de pertinência à classe ou conceito.

A definição do protótipo é feita de forma incremental, ficando cada vez mais detalhada e sofisticada à medida que cresce o conhecimento no contexto que define o universo de discurso.

Raça de um cão

Considere o objetivo de identificar a raça a que pertence um cão que se está observando. Se o observador é especialista em raças caninas, a identificação será imediata, pela comparação da imagem do cão observado com os protótipos das diferentes raças armazenadas na sua memória.

Suponha agora que o observador não entende absolutamente nada de raças caninas, e está se comunicando com o especialista por telefone. A identificação deve ser feita pelo especialista com base nas informações fornecidas pelo observador. O especialista faz perguntas ao observador, relacionadas com atributos relevantes para a identificação da raça, como o porte do animal, o tamanho do pelo etc. Não adianta o especialista perguntar se o cão se parece com um poodle, pois o observador não tem a mínima ideia do que seja um poodle.

A comunicação entre o especialista e o observador pode ser feita em bloco, quando o especialista envia um conjunto de perguntas e recebe, de uma vez, as respostas do observador. Nesse caso, o conjunto de perguntas define o espaço de caracterização, onde será realizado o reconhecimento. A comunicação pode também ser interativa, onde o especialista fará nova pergunta após o observador responder a pergunta anterior. Essa modalidade pode ser mais eficaz, proporcionando um reconhecimento incremental, onde a informação de que o animal observado é de pequeno porte pode eliminar, como hipóteses possíveis de reconhecimento, todas as raças de médio e de grande porte.

Uma séria perturbação no processo de identificação, no exemplo acima, pode ocorrer se o animal sob observação é um filhote de uma raça de grande porte. Independentemente de raça ou de espécie, não é necessário ser um grande especialista para reconhecer se o exemplar sob observação é um filhote ou um adulto.

Espaço de reconhecimento

Nosso espaço de reconhecimento é gradual e incremental. Uma criança, aprendendo a distinguir as espécies de gato e cão, exposta a diferentes tipos de gatos e de cães de grande porte e pelo baixo, pode simplificar seu espaço de caracterização simplesmente pelo tamanho do pelo: gato é peludo e cão tem pelo baixo. Ao ser apresentada a um cão pastor alemão e o identificando como um gato, corrigida, amplia seu espaço de caracterização incluindo a dimensão porte do animal, então mais significativa que o tamanho do pelo. Mais tarde, em contato com um poodle, identificado por ela como um gato, animal de porte pequeno e peludo, e informada de que se trata de um cão, seu espaço de reconhecimento deve ser ainda ampliado, incluindo dimensões que distingam o poodle de um gato. Essa ampliação já não é tão trivial como nos casos anteriores.

É relativamente fácil reconhecer um inseto, pois o inseto é definido como um animal que tem três pares de membros locomotores, segundo os biólogos. Nesse caso, seriam insetos os anjos retratados pelos pintores renascentistas, da mesma forma que o Pégaso da mitologia? Para a maioria das pessoas uma pequena aranha é um inseto, ao contrário do que propõem os biólogos: ela é um aracnídeo, que é diferente de inseto. O contexto é realmente importante.

A dúvida é se o inseto tem três pares de órgãos locomotores ou se os organismos de pequeno porte que têm três pares de órgãos locomotores são classificados na classe de insetos. Como responder às perguntas se um tomate é um legume ou uma fruta ou se o figo é uma fruta ou uma flor?

CIRCUITOS ELÉTRICOS

Uma fonte de tensão elétrica, considerada ideal, é um dispositivo elétrico que produz, entre seus dois terminais, uma diferença de potencial **V**, medida em *volt*, que é constante. Um resistor, também ideal, é um elemento passivo com dois terminais, entre os quais pode fluir uma corrente elétrica, medida em *ampère*, que provoca uma diferença de potencial entre seus terminais igual ao produto da corrente **I** pelo valor constante da resistência do resistor, **R**, expressa em *ohm*.

Ao se ligar um resistor com resistência R entre os terminais da fonte de tensão, constituindo uma carga para a fonte, fluirá uma corrente I tal que a queda de tensão no resistor seja igual a I.R=V. Qualquer arranjo de resistores ligado aos terminais da fonte V produzirá uma corrente I que será equivalente à produzida por um único resistor equivalente, com resistência R=V/I. Um resistor linear invariante pode ser caracterizado simplesmente pelo seu valor R de resistência, em *ohm*, ou por seu inverso, a condutância G=1/R, expresso em *mho*, para simplificar a notação.

A seguir, uma análise do cálculo da resistência equivalente às configurações de dois resistores diferentes com resistências R_1 e R_2, ou condutâncias G_1 e G_2, ligados em série e em paralelo, que resultam em expressões de combinações próprias difusas dos valores de resistência ou de condutância.

Na conexão em paralelo de resistores com resistência igual a R_1 e R_2, a corrente que flui da fonte se divide entre os resistores nos valores

$$I_1 = \frac{V}{R_1} = V \cdot G_1 \quad \text{e} \quad I_2 = \frac{V}{R_2} = V \cdot G_2$$

A corrente total fornecida pela fonte é então

$$I = I_1 + I_2 = V(G_1 + G_2) \text{ e } G = I/V = G_1 + G_2 = G_1 \cup G_2$$

O complemento da condutância equivalente é o complemento da disjunção dos complementos das condutâncias G1 e G2, ou R1 e R2:

$$R = \neg(G_1 \cup G_2) = R_1 \cap R_2$$

Na conexão em série dos dois resistores, com resistências R1 e R2, a corrente I que flui da fonte percorre igualmente os resistores, produzindo quedas de tensão proporcionais aos valores das resistências, que somadas devem ser igual ao valor V da fonte.

$$V = I.\,R_1 + I.R_2 = (R_1 + R_2) \text{ e } R = V/I = R_1 + R_2 = R_1 \cup R_2$$

O complemento da resistência equivalente, igual a G, será igual ao complemento da união das resistências, resultando em

$$G = I/V = (\neg R_1 \cup R_2) = G_1 \cap G_2$$

Em resumo, a carga equivalente de dois resistores em paralelo tem condutância igual à disjunção das condutâncias, igual à conjunção das resistências, e com dois resistores em série iguais à disjunção das resistências, igual à conjunção das condutâncias.

Capítulo 3

Modelos

Um modelo é uma simplificação ou aproximação da realidade ou, mais apropriadamente, uma caricatura dela. Tal como uma caricatura, o modelo considera apenas alguns aspectos da realidade, intensificando alguns deles, os considerados mais relevantes no contexto ou ponto de vista particular, atenuando aspectos pouco relevantes e deixando de representar aspectos considerados irrelevantes, embora possam parecer relevantes em outros contextos.

Um dos objetivos da modelagem é a caracterização dos objetos do universo de discurso em um espaço conceitual, onde cada coordenada é representada por um conceito elementar ligado a um aspecto da realidade considerada no modelo.

Se for possível definir uma métrica nesse espaço conceitual, as similaridades ou as distâncias (diferenças) entre objetos podem ser avaliadas. Estabelecido um objeto padrão do universo, ou protótipo, pode ser estabelecida uma relação de ordem entre os demais objetos do universo, relacionadas com sua distância ou similaridade ao protótipo que pode ser, por exemplo, a situação ou estado desejado. Essa relação de ordem é fundamental para decidir sobre a alternativa mais conveniente dentro dos critérios estabelecidos. As discussões sobre métricas e protótipos são apresentadas adiante.

DEFINIÇÃO E MEDIDAS DE ATRIBUTOS

O espaço conceitual é constituído por coordenadas ligadas a conceitos elementares que são avaliados como graus de pertinência em uma mesma escala homogênea expressa por valores no intervalo (-1,1), resultando em graus de concordância ou discordância ao aspecto avaliado. Essa homogeneidade do espaço permite a definição de uma métrica, fundamental para a comparação de diferentes objetos desse universo de discurso, utilizando medidas de distância ou similaridade entre pares de objetos.

O conceito elementar ligado a cada coordenada do espaço conceitual deve ser avaliado por uma função de pertinência adequada. Se a função de pertinência a cada conceito pode ser estabelecida como dependente de um atributo mensurável, a mesma avaliação pode ser reproduzida em diferentes situações, com maior objetividade e independência do avaliador. Uma questão importante, portanto, é a identificação da forma mais adequada para a definição e a mensuração de cada atributo.

QUALIDADE DE VIDA

Seja, como exemplo, caracterizar ou medir a qualidade de vida de uma comunidade a partir de seus aspectos sanitários e educacionais, evidentemente uma grosseira simplificação. Os aspectos sanitários serão avaliados pela quantidade de domicílios abastecidos com água tratada e os atendidos por coleta e tratamento de esgotos, sendo o aspecto educacional pela simples medida do número de alunos matriculados na rede de ensino fundamental disponível na comunidade.

Dispondo-se dos dados da tabela 3.1, como comparar a qualidade de vida das três comunidades hipotéticas A, B e C, caracterizadas pelos valores atribuídos a cada aspecto considerado? Aqui o conceito complexo apresentado, qualidade de vida está, evidentemente, muito simplificado, para maior clareza da discussão, mas mesmo assim pode ser objeto de discussão de aspectos pragmáticos relevantes.

Tabela 3.1 – Dados das comunidades

Comunidades	A	B	C
Domicílios com abastecimento de água	12.000	30.000	7.000
Domicílios com coleta e tratamento de esgotos	9.000	11.000	3.000
População em idade escolar	6.000	20.000	3.000

Os valores absolutos apresentados não dizem muita coisa, sem a informação da quantidade de domicílios e da oferta de vagas no ensino fundamental existente em cada comunidade. Esses dados complementares são apresentados na tabela 3.2.

Tabela 3.2 – Dados complementares das comunidades

Comunidades	**A**	**B**	**C**
Quantidade de domicílios	15.000	40.000	8.000
Vagas em escolas de ensino fundamental	7.000	18.000	2.500

Com as informações adicionais, os aspectos mensurados podem agora ser expressos como fração dos domicílios existentes que dispõem dos serviços de água e esgoto, e o atendimento da demanda educacional também pode ser calculada pelo percentual do número de vagas oferecidas em relação à quantidade de alunos em idade escolar. Essas medidas são geométricas, com um mínimo igual a zero, pois não é admissível supor a existência de uma comunidade sem domicílios ou sem escolas, mas o máximo pode ser maior que cem por cento, bastando que a capacidade dos serviços sanitários seja capaz de atender um número maior de domicílios ainda não existentes ou que a oferta de vagas nas escolas seja superior à população em idade escolar.

Comunidades	**A**	**B**	**C**
Domicílios com abastecimento de água	0,800	0,750	0,875
Domicílios com coleta e tratamento de esgotos	0,600	0,275	0,375
Capacidade de atendimento de alunos	1,167	0,900	0,833

Tabela 3.3 – Dados percentuais das comunidades

Os três aspectos avaliados estão expressos em uma escala geométrica, em números reais positivos, e podem ser usados diretamente como argumento (x) para as funções de pertinência que devem ser determinadas para fornecer os graus geométricos (y) e conceituais (z) de atendimento dos aspectos considerados, por meio de adequadas funções de pertinência definidas para cada comunidade pelos parâmetros Q e W. Note-se que a comunidade A tem sobra de vagas no ensino fundamental e as comunidades B e C mostram faltas de vagas da ordem de 10% e 17%.

A determinação desses parâmetros deve ser dependente do contexto social, econômico, cultural etc. da realidade a ser modelada. Por exemplo, os diferentes custos de implantar um sistema de abastecimento de água e um sistema de coleta e tratamento de esgotos justificam que a tolerância à satisfação desse último requisito seja naturalmente inferior a do primeiro, da mesma forma que o aumento de vagas nas escolas ou a criação de novas escolas pode ser beneficiada por programas estaduais e federais que facilitem sua implantação, diminuindo seus custos para a comunidade.

Os parâmetros Q e W das funções de pertinência dos aspectos considerados podem ser definidos estabelecendo dois pares de valores (x,z) por onde deve passar cada uma das funções, obtendo-se Q e W pelas expressões (1.11) e (1.12).

No primeiro par de valores pode-se estabelecer para x1 um valor percentual de atendimento dos requisitos que seja o valor de transição que distingue um atendimento positivo de um negativo, correspondendo a y1=1 e z=0, sendo portanto Q=x1 para produzir esses resultados. O segundo ponto, para cada função, pode ser um valor de x para alcançar a satisfação total do requisito, como o máximo ideal definido para cada requisito pelos órgãos de planejamento e gestão, estabelecendo-se então os graus conceituais correspondentes a esses valores. Deve-se notar que como z=1 implica em y infinito, os valores máximos de z devem ser próximos dos valores que correspondem a esses ótimos ideais, mas menores que um.

Adotando para x1 valores iguais a Q de 70, 40 e 80, que corresponderão a z1=0 e y1=1, para cada aspecto avaliado, e de 85, 60 e 95 para x2, com z2 igual a 0,9, 0,8 e 0,95, a situação está registrada na tabela 3.4, calculando os valores de y2 pela expressão (1.2) e W pela expressão (1.11). Os valores para z2 foram escolhidos para permitir o atendimento dos critérios além de cem por cento, evitando z=1, facilitando o cálculo inverso da expressão (1.8), e os resultados finais, com o cálculo de W pela expressão (1.11), estão na tabela 3.4, arredondando-se os valores de W.

Tabela 3.4 – parâmetros finais das funções

Aspectos avaliados	x1	z1	y1	x2	z2	y2	Q	(W)	W
Abastecimento de água	70	0	1	85	0,90	19	**70**	15,17	**15**
Tratamento de esgotos	40	0	1	60	0,80	9	**40**	5,42	**5**
Vagas em escolas	80	0	1	95	0,95	39	**80**	21,32	**20**

As funções de pertinência definidas são apresentadas na figura 3.1, mostrando as variações dos valores de pertinência dos diferentes valores associados às características de cada aspecto, em função do atendimento das necessidades, expressas como porcentagem. Note-se que a função admite valores de atendimento maior que cem por cento, que corresponderão a valores crescentes do conceito, mas sempre menores que um o que só seria atingido com um atendimento percentual infinito.

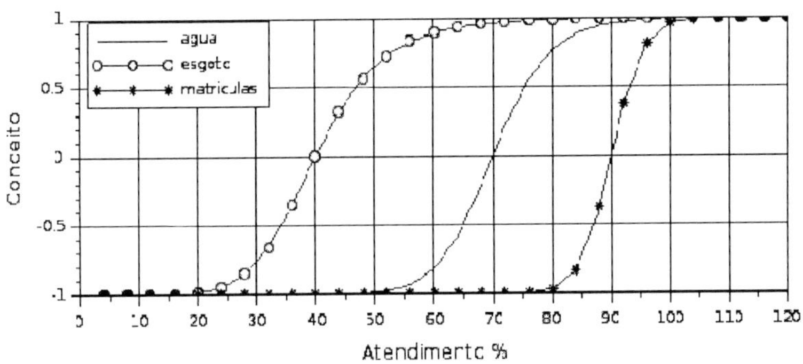

Fig 3.1 - Atendimento aos critérios

Com essas funções de pertinência definidas, os graus geométricos de satisfação de cada comunidade a cada aspecto considerado são mostrados na tabela 3.5, e os graus de satisfação conceituais correspondentes na tabela 3.6.

Tabela 3.5 – Graus de atendimento geométricos (y)

Comunidades	A	B	C
Domicílios com abastecimento de água	7,41	2,81	28,42
Domicílios com coleta e tratamento de esgotos	7,59	0,15	0,72
Capacidade de atendimento de alunos	3,97	713,43	3325,26

Tabela 3.6 – Graus de atendimento conceituais (z)

Comunidades	A	B	C
Domicílios com abastecimento de água	0,7622	0,4757	0,9320
Domicílios com coleta e tratamento de esgotos	0,7673	-0,7337	-0,1600
Capacidade de atendimento de alunos	0,5979	0,9972	0,9994

Os graus geométricos (ya,ye,yv) de atendimento a cada aspecto considerado estão repetidos na tabela 3.7 e serão usados para calcular os graus de atendimento à qualidade de vida, pelo critério padrão da combinação conjuntiva, pois objetiva-se o atendimento inclusivo de todos os aspectos, e mais dois critérios para fins de comparação, que serão comentados, a média geométrica e a média aritmética. A média harmônica não será considerada por ser igual à combinação conjuntiva multiplicada por 3, a quantidade de fatores.

Tabela 3.7 – Índices de qualidade de vida

	ya	ye	yv	conj y	conj z	MG y	MG z	MA y	MA z
A	7,1	7,59	3,97	1,91	***0,31***	5,98	***0,71***	6,22	***0,72***
B	2,81	0,15	713,43	0,14	***-0,75***	1,19	***0,09***	238,80	***0,99***
C	28,42	0,72	3335,26	0,70	***-0,18***	4,33	***0,62***	1121,47	***1,00***

A conclusão, pela agregação conjuntiva, é que o índice da qualidade de vida (IQV) da comunidade A é bastante boa, a da comunidade C é ruim e a da comunidade B é péssima, evidentemente de acordo com os critérios simplistas considerados.

Os outros dois critérios apresentados são a agregação pela média geométrica, critério adotado pelo PNUD, Programa das Nações Unidas para o

Desenvolvimento, órgão da UNESCO, que divulga anualmente seu IDH (Índice de Desenvolvimento Humano) [18], e a média aritmética.

A média geométrica, que resulta nos maiores valores, não altera a ordenação das comunidades, mas apresenta valores positivos para todas, e será comentada em detalhes mais adiante. A média aritmética apresenta a maior distorção e deve ser desconsiderada como um possível critério de agregação

O conceito complexo qualidade de vida pode ser caracterizado como resultado de uma combinação de muitos outros conceitos elementares, como os ligados aos aspectos: saneamento básico, educação, segurança, assistência à saúde, mobilidade urbana etc. Cada um deles, por sua vez, poderia ser caracterizado como combinações de conceitos mais elementares, como por exemplo, assistência à saúde, como constituído por conceitos ligados aos aspectos leitos hospitalares, leitos de UTI, postos de saúde, médicos, dentistas etc.

O custo de disponibilizar novas vagas escolares é relativamente linear, bastando construir novas escolas, dotando-as do pessoal necessário, para aumentar a oferta de vagas. Já no caso de serviços públicos como o abastecimento de água ou a coleta de esgotos, o custo de implantação já não é tão linear, sendo muito dependente de outros fatores, como a densidade populacional. É bem mais barato a implantação de serviços de abastecimento de água e coleta de esgotos em regiões mais densamente ocupadas do que em regiões com menor densidade ou em regiões rurais. Um município encravado em uma grande região metropolitana apresenta um contexto muito diferente ao de uma região rural, com edificações dispersas e mais distantes entre si.

O estabelecimento dos parâmetros das funções de pertinência deve levar em conta a dependência contextual de cada aspecto considerado. O modelo ajustado não tem significado absoluto, expressando simplesmente uma visão política da realidade, em um dado instante de tempo e em uma região geográfica definida.

APOIO À DECISÃO

Uma aplicação possível dos conceitos discutidos é a de desenvolvimento de sistemas de apoio à decisão. Um sistema de apoio à decisão pode ser visto como a definição de um modelo desejável para uma realidade e uma medida de similaridade de diversas situações possíveis, permitindo a opção pela alternativa mais similar, ou próxima, ao modelo desejável. A seguir, uma aplicação na área de recursos humanos [7],[8].

Seleção de gerente

Suponha que uma grande rede de varejo vai abrir uma nova filial em uma nova cidade e precisa designar um gerente. Pela política da empresa, o novo gerente deve ser alguém já funcionário da empresa, jovem e bom vendedor. A condição de já ser funcionário da empresa define o universo de discurso, e os conceitos jovem e bom vendedor podem ser associados, respectivamente, à idade do candidato e ao valor das vendas realizadas por ele no último ano, em uma unidade adequada.

As funções de pertinência são estabelecidas experimentalmente, o conceito *jovem*, com Q=24 e W=-8, na figura 3.2, e de *bom vendedor*, com Q=10 e W=4, na figura 3.3. A idade de Q=24 anos é considerada o limite entre a situação da concordância e a discordância ao conceito e o valor de W=-8 estabelece a forma de variação ao conceito com a idade.

A tabela 3.8 mostra possíveis candidatos, mostrando idades e valor de vendas, juntamente com os graus de pertinência aos conceitos jovem, zJ, calculado com QJ=24 e WJ=-8, e bom vendedor, zV, calculado com QV=10 e WV=4, e o resultado zG, da conjunção de zJ e zV . A tabela apresenta os valores calculados dos graus de pertinência geométricos e conceituais de cada candidato aos conceitos "jovem", "bom vendedor" e da conjunção desses dois para compor o conceito "bom candidato a gerente".

Tabela 3.8 – Candidatos a gerente

Candidato	A	B	C	D	E	F	G	H	I	J	K	L	M
Idade	16	17	18	19	20	19	22	21	23	28	27	24	32
Vendas	18	8	15	12	7	16	23	12	6	20	13	25	28
yJ	25,63	15,78	9,99	6,48	4,30	6,48	2,01	2,91	1,41	0,29	0,39	1,00	0,10
zJ	0,92	0,88	0,82	0,73	0,62	0,73	0,33	0,49	0,17	-0,55	-0,44	0,00	-0,82
yV	10,50	0,41	5,06	2,07	0,24	6,55	27,98	2,07	0,13	16,00	2,86	39,06	61,47
zV	0,83	-0,42	0,67	0,35	-0,61	0,74	0,93	0,35	-0,77	0,88	0,48	0,95	0,97
yG	7,45	0,40	3,36	1,57	0,23	3,26	1,87	1,21	0,12	0,29	0,34	0,98	0,10
zG	**0,76**	-0,43	**0,54**	0,22	-0,63	**0,53**	0,30	0,10	-0,79	-0,56	-0,49	-0,01	-0,82

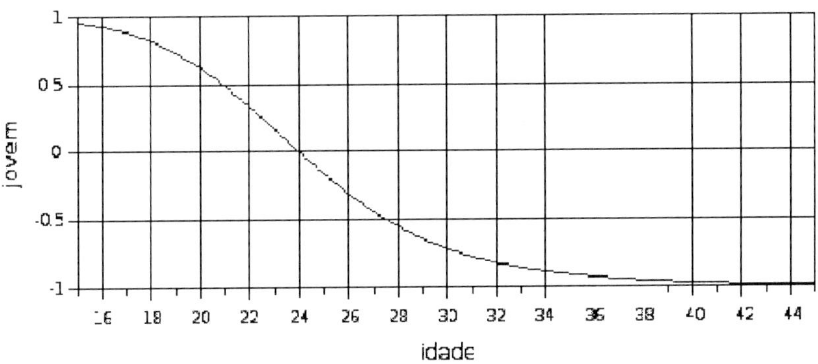

Fig 3.2 - Jovem

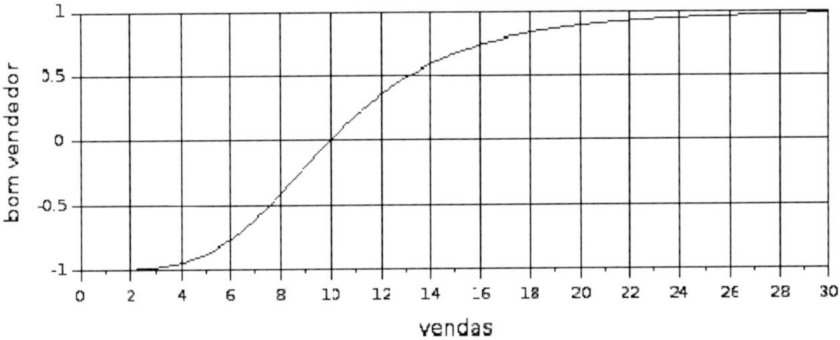

Fig 3.3 - Bom Vendedor

As figuras 3.2 e 3.3 mostram as imagens dos conceitos *Jovem* e *Bom Vendedor*, e a figura 3.4 apresenta a forma da superfície de decisão em função das idades e vendas dos candidatos.

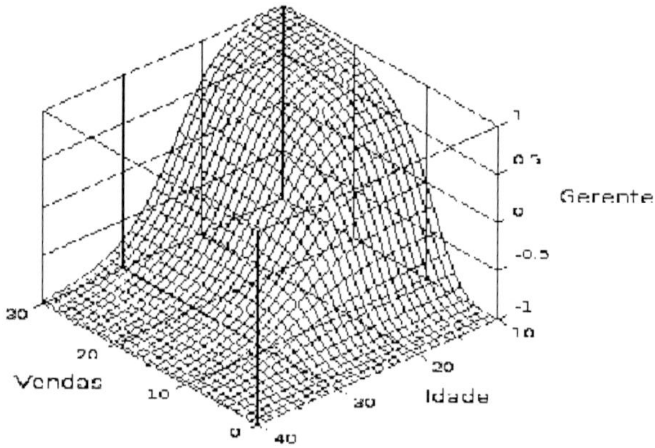

Fig 3.4 - Seleção de gerente

Uma primeira ordenação dos candidatos, em ordem decrescente dos graus de pertinência ao conceito "bom candidato a gerente" (zG), é apresentada em negrito na tabela 3.8, onde o candidato A (0,76) parece ser o melhor, e os candidatos C (0,54) e F (0,53) praticamente empatados em segundo lugar.

O melhor candidato indicado, com apenas 16 anos, não tem condições de assumir as responsabilidades legais e fiscais exigidas de um gerente, então a especificação de que o novo gerente deve ser "jovem e bom vendedor" deve ser corrigida para "jovem maior de idade e bom vendedor".

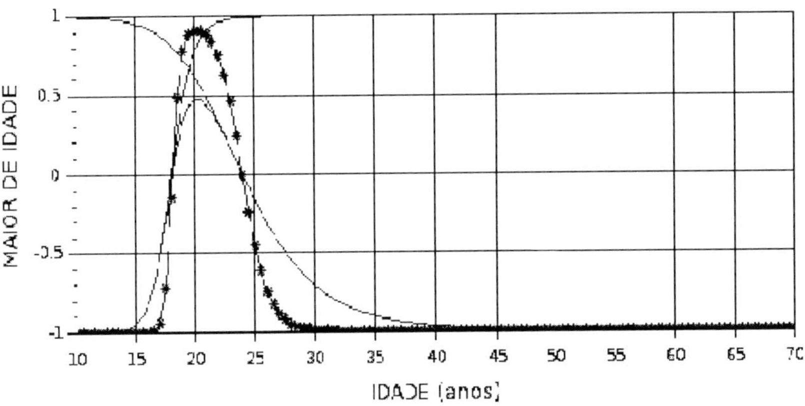

Fig 3.5 - Conceito Jovem Maior de Idade

Acrescentando então o conceito zJM, uma combinação conjuntiva de z_J com z_M, este último calculado com Q=18 anos e W=20, intensificado pela função de modificação de conceitos, é mostrado na Figura 3.5. A tabela corrigida, já ordenando os candidatos em ordem crescente de zG, é apresentada na tabela 3.9, e a nova superfície de decisão mostrada na figura 3.6.

Tabela 3.9 – ordenação corrigida dos candidatos

Candidato	E	H	F	D	G	I	L	C	K	B	J	M	A
Idade	20	21	19	19	22	23	24	18	27	17	28	32	16
Vendas	7	12	16	12	23	6	25	15	13	8	20	28	18
zJM	0,62	0,49	0,73	0,73	0,33	0,17	0,00	0,82	-0,44	0,88	-0,55	-0,82	-0,83
zV	-0,61	0,35	0,74	0,35	0,93	-0,77	0,95	0,67	0,48	-0,42	0,88	0,97	0,83
zGM	0,48	0,44	0,34	0,34	0,32	0,16	0,00	-0,05	-0,44	-0,52	-0,55	-0,82	-0,83

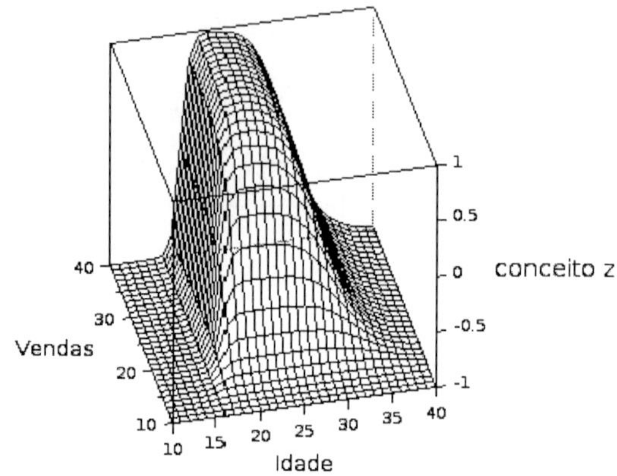

Fig 3.6 - Seleção corrigida de gerente

Com o novo critério de decisão corrigido, o melhor candidato é o E, seguido de perto por H e logo atrás por F, D e G. O melhor candidato na primeira seleção agora está em último, pelo maior rigor dado a sua pequena idade.

O processo de seleção poderia então se concentrar nos candidatos E, H, F, D e G, talvez acompanhados de I, L e C, que estão praticamente no limite de indecisão.

Como o novo gerente provavelmente deveria mudar de cidade, outros atributos poderiam ser levados em conta, como a mobilidade do candidato, relações familiares, filhos em idade escolar etc., que acrescentariam ao espaço conceitual novas dimensões. O processo poderia ser refinado, à medida que mais dimensões são acrescentadas ao espaço conceitual.

A característica importante do modelo simples proposto é a ordenação dos candidatos. Ajustando o modelo de forma a produzir uma ordenação que concorde com a avaliação subjetiva de um experiente diretor de recursos humanos da empresa, a pretensão é que, aplicado o modelo a um diferente grupo de candidatos, produza um resultado que também concordaria com a avaliação subjetiva do mesmo diretor.

Uma questão importante é como ponderar a nova dimensão adicionada ao espaço de caracterização, ou de decisão. Essa questão será discutida adiante, deixando, infelizmente, muitas outras questões em aberto. O problema fundamental é como objetivar questões que só podem ser avaliadas subjetivamente, além de extremamente dependentes do contexto e dinâmicas no tempo.

MODELO DE AVALIAÇÃO MÉDICA

Um modelo de avaliação médica de um paciente pode ser feito a partir de medidas de sinais vitais, convertidas em graus de satisfação ou insatisfação de cada sinal que, adequadamente agregados podem resultar em um grau final de um estado de saúde do paciente.

A subjetividade está presente de forma dominante em um processo desse tipo, tanto na avaliação numérica de cada sinal como na forma de combinação dos diversos sinais para produzir um grau global de avaliação. O que se apresenta a seguir pretende unicamente mostrar a possibilidade de traduzir medidas de sinais vitais em graus conceituais (numéricos) de satisfação a critérios desejáveis estabelecidos por profissionais da área.

TEMPERATURA CORPORAL

A temperatura normal de um adulto é 36°C, considerando-se aceitáveis temperaturas entre 35°C e 38°C. Temperaturas corporais abaixo e acima desses limites são consideradas inaceitáveis, abaixo representando riscos sérios de hipotermia, com alto risco à saúde e, acima, a ocorrência de febre, sinal de complicações preocupantes como infecções, dentre outras alterações. A temperatura aceitável deve então ser maior que 35 e menor que 38.

A figura 3.11 mostra o aspecto dos graus conceituais de satisfação de uma temperatura medida, se positivos, ou de insatisfação, se negativos, que podem ser expressos na escala conceitual ou uma escala de mais fácil entendimento, como zero a 10 ou zero a 100%, positivos ou negativos.

A figura 3.7 apresenta os gráficos de uma função "temperatura não baixa" (t>35), com Q_b=35 e W_b=60 e outra função "temperatura não alta" (t<38), com Q_a=38 e W_a=-15, junto com o gráfico da combinação conjuntiva desses fatores. O resultado final é obtido por uma modificação dessa conjunção, com R=1 e S=8, simplesmente uma ampliação dos graus de pertinência, resultando em uma maior discriminação dos valores mais pertinentes.

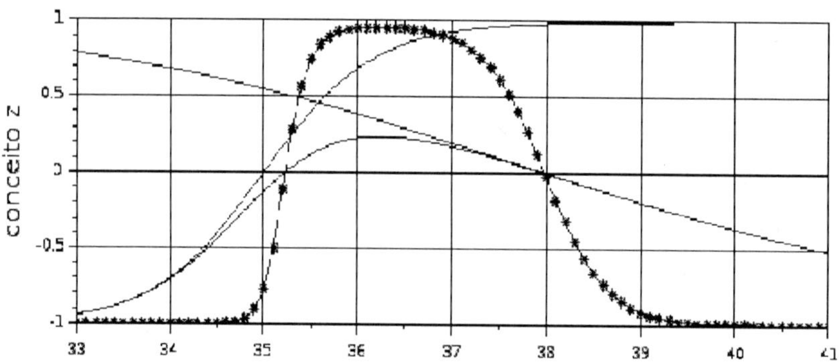

Fig 3.7 - Temperatura normal

Pelo gráfico da figura, temperaturas t=35,1 resultariam em 50% insatisfatórias, t=35,7 em 90% satisfatórias, t=37,4 em 60% satisfatórias e t=38,7 em 80% insatisfatórias, por exemplo. A forma da curva resultante foi ajustada por meio dos parâmetros Q_a, W_a, Q_b, W_b e S, por indicações de profissionais médicos, produzindo uma transição entre os valores positivos e negativos mais brusca nas temperaturas mais baixas e mais suave nas temperaturas altas, pois a hipotermia é mais preocupante que uma febre.

RITMO RESPIRATÓRIO

O ritmo respiratório normal aceitável deve-se situar entre 16 e 20 inspirações por minuto.

Uma função de pertinência aceitável pode ser representada pela figura

3.8, a partir de conjunção das funções de pertinência "ritmo lento", com Q=20,2 e W=-10 e "ritmo rápido", com Q=15,8 e W=10, modificada com R=1 e S=6.

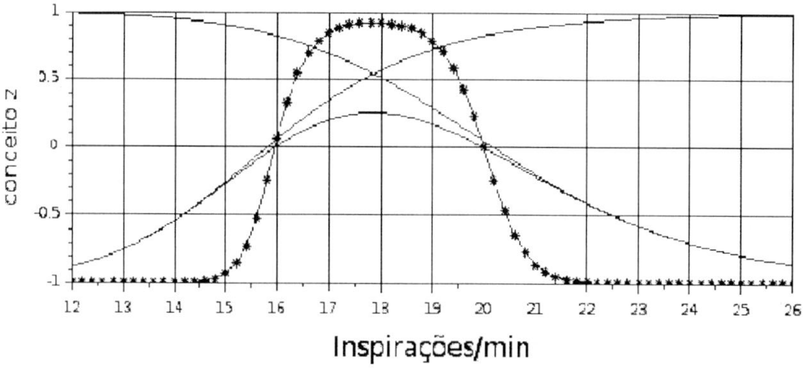

Fig. 3.8 - Ritmo respiratório normal

FREQUÊNCIA CARDÍACA

A frequência cardíaca desejável deve estar situada entre 60 e 90 pulsações por minuto.

Uma função de pertinência aceitável pode ser representada pela figura 3.9, a partir de disjunção das funções de pertinência "pulso lento", com Q=90 e W=-6 e "pulso rápido", com Q=60 e W=10, modificada com R=1 e S=4.

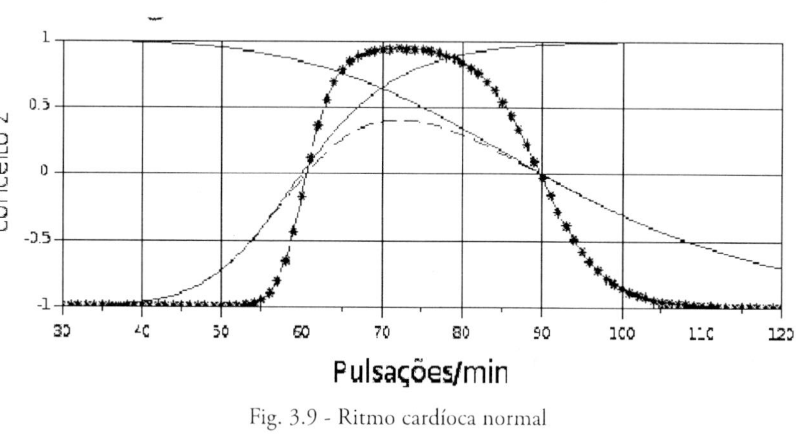

Fig. 3.9 - Ritmo cardíoca normal

COMBINAÇÃO DOS SINAIS VITAIS

A combinação disjuntiva dos sinais vitais resulta em um grau de normalidade do paciente. Note-se que a disjunção é sempre menor que qualquer um de seus componentes, mas os sinais distantes da normalidade servem de indicações valiosas para direcionar os tratamentos necessários.

Quando tratamos com modelos deve estar sempre presente a consideração que um modelo não é mais que uma caricatura da realidade. Por exemplo, em uma pesquisa eleitoral sobre as preferências dos eleitores, baseada em respostas dadas por eleitores consultados,, em que a população consultada é considerada um modelo do eleitorado, estão sempre presentes vieses dependentes da seleção de eleitores que comporão o modelo, se os que têm telefone, atendem às chamadas e respondem às respostas, se residentes nas grandes cidades, se na periferia, nas zonas rurais etc.

É de importância fundamental que quem usa um modelo tenha uma compreensão correta dos critérios de sua criação e suas limitações, pois é muito fácil mentir com estatísticas.

SOBRE A FUNÇÃO DE MODIFICAÇÃO DE CONCEITOS

Para uma visualização comparativa dos parâmetros R e S da função de modificação de conceitos mostra-se a seguir a aplicação dessa função à conjunção dos conceitos estabelecidos, em um intervalo de 40 a 160, das funções com Q=120 e W=-5 e Q=80 e W=10.

A figura 3.10 mostra a aplicação da função com R=1 e S=5. O resultado é simplesmente uma ampliação dos valores modificados, os positivos mais próximos de 1, os negativos mais próximos de -1, mas os valores iguais a zero mantêm seus valores, conservando inalterado a faixa de valores com resultado positivo. Os valores do parâmetro S foram escolhidos para resultarem em valores máximos da função modificada próximos de um.

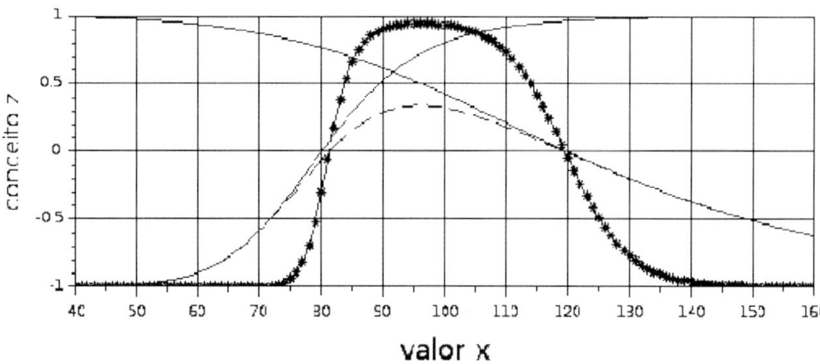

Fig. 3.10 - Função modificada com R=1

A modificação com R=1,5 e S=12, na figura 3.11, mostra um deslocamento da curva de um valor igual a y=1,5, provocando um estreitamento da faixa de valores positivos entre, aproximadamente, 85 e 109. A modificação com R=0,7 e S=3, na figura 3.12, mostra um deslocamento igual a y=0,7, ampliando a faixa de valores positivos da função modificada para 78 a 128, aproximadamente.

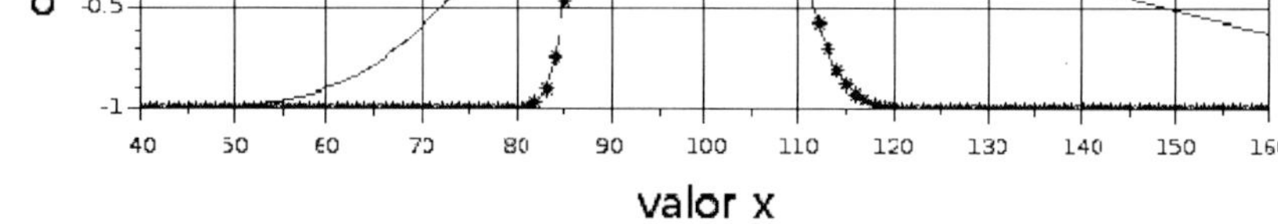

Fig. 3.11 - Função modificada com R=1,5

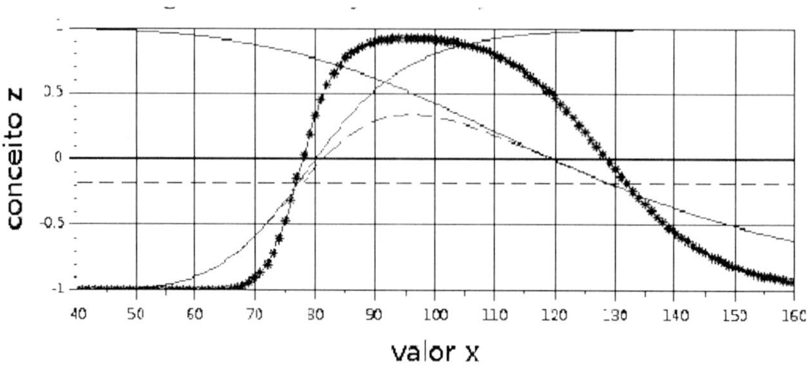

Fig. 3.12 - Função modificada com R=0.7

Os valores do parâmetro S foram escolhidos para resultarem em valores máximos da função modificada próximos de um.

Capítulo 4

Índice de Desenvolvimento Humano (IDH/PNUD)

O PNUD – Programa das Nações Unidas para o Desenvolvimento, órgão da UNESCO, divulga anualmente seu IDH (Índice de Desenvolvimento Humano), que ordena mais de uma centena de nações através de um índice no intervalo (0,1), onde o valor *zero* indica o pior desenvolvimento e o valor *um* o melhor. A seguir, uma análise da metodologia adotada no relatório de 2013, calculado para 187 países.

O IDH, para mensurar o índice de desenvolvimento humano, considera três dimensões, uma *vida longa e saudável*, a *escolaridade*, e um *padrão decente de vida*. A avaliação numérica de cada dimensão é feita por

$$\text{índice dimensão} = \frac{\text{valor atual} - \text{valor mínimo}}{\text{valor máximo} - \text{valor mínimo}} \tag{4.1}$$

resultando em um índice, para cada dimensão, no intervalo (0,1), ou de zero a cem por cento.

EXPECTATIVA DE VIDA

Para o cálculo do índice de expectativa de vida, os valores considerados foram o mínimo de 20 anos e o máximo de 83,6 anos, o valor estimado para o Japão em 2012. O índice do Japão será, evidentemente, igual a *um*, e nações com uma expectativa de vida ao nascer inferior ao mínimo terão sua expectativa de vida igual ao mínimo, para evitar índices negativos, resultando em um índice igual a zero.

Para Gana, por exemplo, com uma expectativa de vida ao nascer de 64,6 anos, o índice seria 0,701.

ESCOLARIDADE

O índice de escolaridade foi calculado em duas partes, uma da média de anos de escolaridade, com máximo de 13,3 anos, e outra da expectativa de anos de escolaridade, com máximo de 18 anos, ambas com mínimo igual a *zero*.

Com a média geométrica desses dois índices é calculado o índice final dessa dimensão, pela expressão (4.1), com mínimo também *zero* e máximo igual ao maior valor das médias anteriores para todas as nações, que resultou em um índice máximo de 0,971.

Para Gana, com um índice médio de escolaridade de 7 anos, resultaria um índice igual a 0,527, e com uma expectativa de escolaridade de 11,4 anos, em um índice igual a 0,634. Com a média geométrica desses dois valores, seu índice educacional será igual a 0,596.

RENDIMENTOS

O valor de rendimentos *per capita* da população para calcular o índice de satisfação para proporcionar um *padrão decente de vida,* usa os logaritmos dos valores em dólares, pela expressão

$$\text{índiceda dimensão} = \frac{\lg(\text{valoratual}) - \lg(\text{valormínimo})}{\lg(\text{valormáximo}) - \lg(\text{valormínimo})} \qquad (4.2)$$

com o valor mínimo de 100 e o máximo de 87.478 dólares, verificado no Qatar em 2012, o maior valor observado. Para o caso de Gana, com rendimento médio per capita de sua população de 1.684 dólares, resulta em um índice igual a 0,417. As nações com rendimento inferior a 100 dólares terão esse valor mínimo como se fosse o rendimento observado.

ÍNDICE FINAL DE DESENVOLVIMENTO

O IDH final, agregando as três dimensões avaliadas, $\mathbf{I}_V$, $\mathbf{I}_E$ e $\mathbf{I}_R$, os índices de vida, educação e rendimento, é dado pela média geométrica dos índices, com iguais pesos, pela expressão

$$IDH = I_V^{1/3} \cdot I_E^{1/3} \cdot I_E^{1/3} \tag{4.3}$$

resultando para Gana um IDH igual a 0,558.

A média geométrica ponderada mg de n valores reais positivos $\mathbf{x}_i$, com pesos $\mathbf{p}_i$ é dada pelas expressões

$$mg = \prod_1^n x_j^{Pi} \qquad \text{com} \qquad \sum_1^n p_i = 1 \tag{4.4}$$

ÚLTIMA AVALIAÇÃO DO IDH/PNUD

A última avaliação do Índice de Desenvolvimento Humano feita pelo PNUD em 2020, com dados de 2019, indica que o IDH Brasileiro cresceu de 0,762 para 0,765, no entanto caiu cinco posições no ranking, em relação ao ano anterior, ficando em 84º lugar entre 189 países.

MÉDIA GEOMÉTRICA NO ESPAÇO GEOMÉTRICO

A média geométrica pode ser feita no espaço geométrico. Se p é o índice percentual no espaço (0,1) e y o índice geométrico, as transformadas correspondentes podem ser derivadas das expressões (1.1) e (1.2), por

$$y = \frac{p}{(1-p)} \qquad e \qquad p = \frac{y}{(y+1)} \tag{4.5}$$

A figura 4.1 mostra a comparação entre a média geométrica de dois valores percentuais no espaço (0,1) e a média geométrica difusa dos dois valores transformados ao espaço geométrico e os resultados transformados de volta ao espaço percentual (0,1).

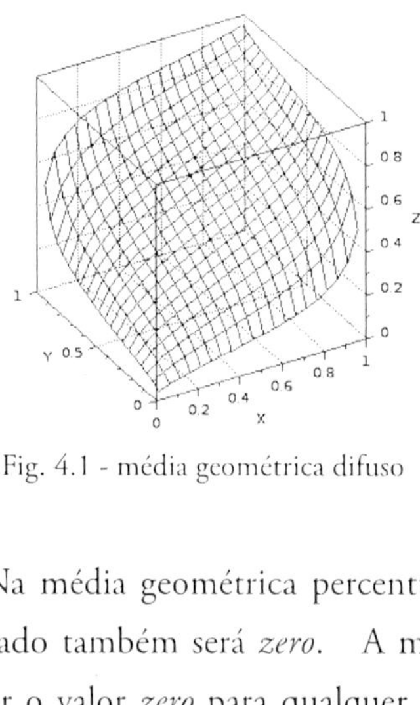

Fig. 4.1 - média geométrica difuso

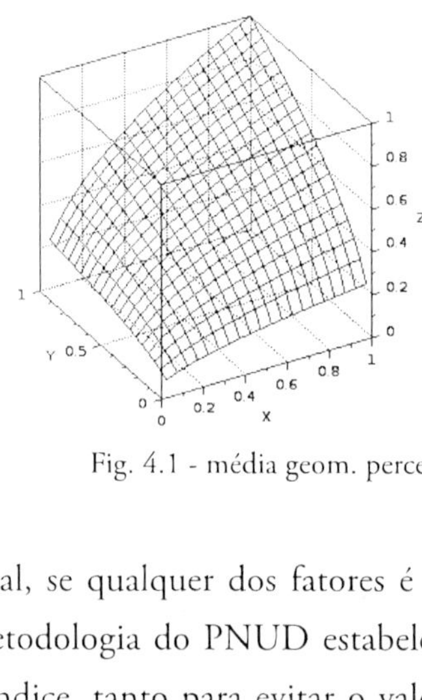

Fig. 4.1 - média geom. percentual

Na média geométrica percentual, se qualquer dos fatores é igual a *zero*, o resultado também será *zero*. A metodologia do PNUD estabelece maneiras de evitar o valor *zero* para qualquer índice, tanto para evitar o valor *zero* para uma média como para evitar a divisão por zero. Outra observação é que na média percentual, se um dos fatores é muito próximo de *zero*, a média também será muito próxima de *zero*, atenuando a influência dos demais fatores sobre essa média, diminuindo a discriminação desses fatores, e se um dos fatores é muito próximo de 1, este torna-se dominante sobre o outro fator.

Os valores dos resultados das expressões (4.1) e (4.2) estão no intervalo (0,1), o *zero* correspondendo ao valor mínimo do atributo e o *um* ao valor máximo. Esses valores, calculadas no espaço (0,1), são transformados para o espaço geométrico pela expressão (4.5) e calculada a média geométrica que é levada de volta ao espaço conceitual (0,1) pela mesma expressão (4.5). A distorção referida no final do parágrafo anterior será atenuada, produzindo resultados mais coerentes com nossa intuição comum. A dominância de um fator extremo sobre o outro é atenuado de uma forma simétrica.

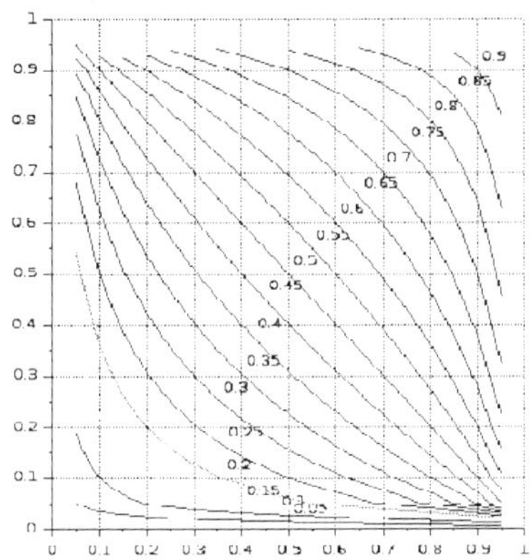

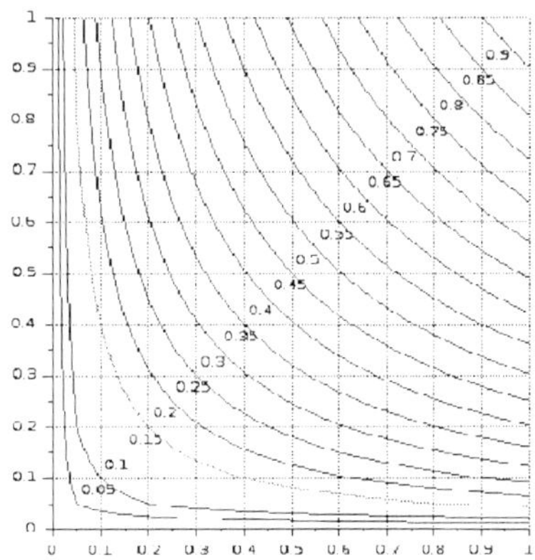

Fig. 4.2 - média geométrica difusa Fig. 4.2 - média geométrica precentual

A diferença entre os processos de cálculo das médias é mais perceptível na figura 4.2, apresentada em curvas de nível das médias, onde ficam patentes as diferenças na distribuição dos valores. Na média geométrica percentual, se um dos valores é próximo do máximo, a média será maior que no cálculo da média geométrica difusa, que apresenta uma simetria em torno da curva de nível do conceito z=0, resultado obtido quando os conceitos das duas parcelas, z1 e z2, são complementares (z1=-z2). Na média geométrica percentual, se as duas parcelas p1 e p2 são complementares, (p1=1-p2), a média não será mais igual a 0,5, o que seria intuitivamente esperado, já que os pesos são idênticos, e sim, mais próxima do maior dos valores.

AVALIAÇÃO DIFUSA DOS ÍNDICES

Os resultados das expressões (4.1) e (4.2) indicam o percentual de atendimento aos limites máximo e mínimo considerado para a dimensão, com variação linear e logarítmica nos intervalos. Essa escala linear de avaliação não é adequada a muitas situações, quando é importante comparar as diferenças dos índices entre pares de situações em diferentes setores do intervalo de avaliação das diferenças.

Para melhor avaliar os critérios empregados será usado o exemplo da dimensão expectativa de vida, com mínimo de 20 e máximo de 80 anos, representada conceitualmente pela função de pertinência com Q=50 anos e W=8. Como os valores extremos de zero e cem por cento, obtidos pela expressão (4.1) para idades de 20 e 80 anos, no espaço conceitual somente podem ser obtidos com idade zero ou infinito, com os parâmetros Q e W usados, os valores obtidos no espaço conceitual, já convertidos em percentagem, resultam em 0,065% para 20 anos e 97,7% para 80 anos.

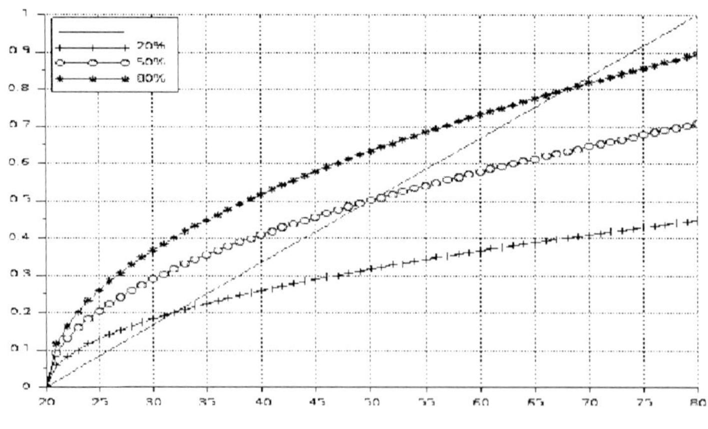

Fig. 4.3 - Médias geométrica percentuais

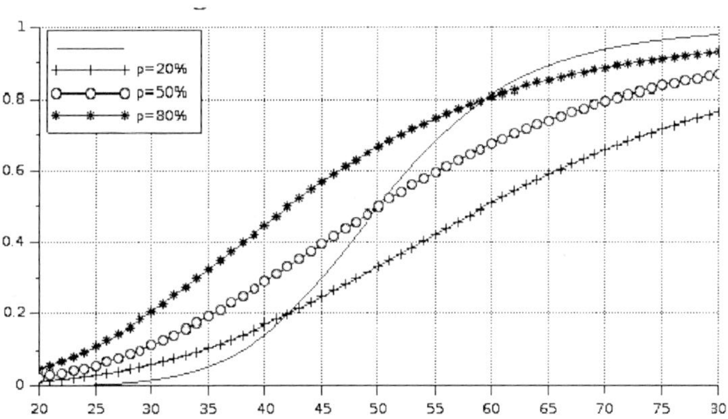

Fig. 4.4 - Médias conceituais

A figura 4.3 exibe a variação das médias dos graus de pertinência geométricos com valores constantes de 20%, 50% e 80%, seguindo a abordagem difusa, e a figura 4.4 o cálculo das médias percentuais, com os mesmos parâmetros.

Para um valor de 90 anos o índice percentual será 99,1%. Os valores extremos podem ser aproximados pela variação dos parâmetros Q e W, por exemplo, diminuindo o valor de Q, aumentando o percentual para 80 anos, tornando-o mais próximo do desejado 100, com um pequeno aumento no percentual para 20 anos, ou então aumentando o valor de W. Nas figuras a seguir pode ser avaliada a superioridade da avaliação conceitual sobre linear percentual.

É visível que a média percentual tende rapidamente ao mínimo quando uma das parcelas aproxima-se desse mínimo, mas quando as parcelas aproximam-se do máximo a média se mantém em uma posição intermediária. Na média conceitual as variações são mais dispersas nos valores próximos ao mínimo e mais concentradas nos valores próximos ao máximo, produzindo uma maior simetria nos extremos. A única alteração do valor de Q na figura 4.3, de 50 para 40, produz a figura 4.5, com a bela simetria nos valores próximos aos extremos.

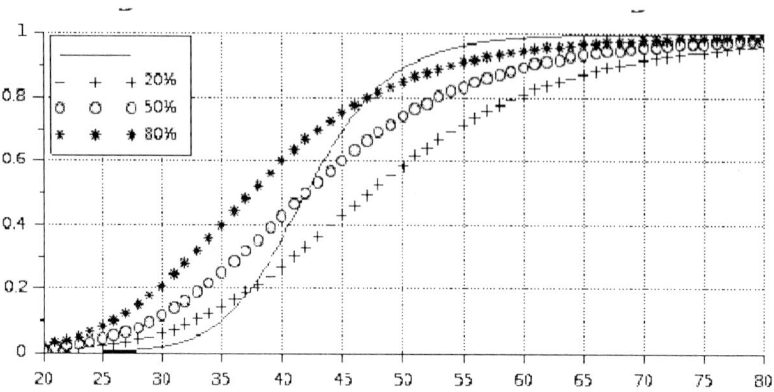

Fig. 4.5 - Médias conceituais corrigidas

OUTRAS FUNÇÕES DE AGREGAÇÃO

Uma consideração mais primária que deve ser discutida é sobre as funções de pertinência definidas pelo PNUD para avaliar os graus de satisfação das dimensões consideradas. As funções definidas são lineares e não admitem valores fora do intervalo mínimo e máximo dos atributos que definem os índices.

Como o IDH é calculado a partir de somente três valores (quatro, considerando a composição do índice de escolaridade), é fácil listar todas as nações avaliadas e verificar a possível existência de discrepâncias entre os índices finais fornecidos pelo modelo com avaliações empíricas subjetivas feitas por especialistas. Para que o modelo possa ser aceito, essas discrepâncias não podem ser muito grandes e/ou numerosas.

Um exercício acadêmico de grande utilidade seria investigar modelos alternativos com funções de pertinência mais adequadas e expressões de combinação dos índices mais realistas.

Uma distorção evidente é o rendimento máximo estabelecido como o do Qatar, de 87.478 dólares per capita, para a avaliação, uma nação com uma pequena população e um alto produto interno bruto, mas dirigido a uma pequena elite governante, e com um alto custo de vida.

Outra gritante distorção é desconsiderar a distribuição de renda em uma população nacional, onde em um emirado árabe grande produtor de petróleo, onde o produto interno bruto da nação é destinado noventa por cento para a família real e os restantes dez por cento são distribuídos para o restante da população, onde a maioria é de trabalhadora da indústria de petróleo e os demais são simplesmente prestadores de serviços a esses trabalhadores.

AGREGAÇÃO PELAS MÉDIAS

A média geométrica, definida em (4.4), é uma expressão de agregação de valores conveniente em muitas situações. Os fatores devem ser todos positivos, portanto, ela pode ser aplicada no espaço geométrico.

A seguir são apresentados os valores das três médias, aritmética, geométrica e harmônica, como definidas

$$ma(x{:}n) = (x_1+x_2+x_3+\ldots+x_n) \,/\, n \qquad (4.8)$$

$$mg(x{:}n) = (\,x_1.x_2.x_3.\ldots.x_n)\ \wedge(1/n) \qquad (4.9)$$

$$mh(x{:}n) = n \,/\, (1/x_1+1/x_2+\ldots+1/x_n) \qquad (4.10)$$

É fácil verificar que as relações entre as médias de dois valores quaisquer y_a e y_b, resultam em

$$ma(y_a,\, y_b) > mg(y_a,\, y_b) > mh(y_a,\, y_b) \qquad (4.11)$$

com a única exceção quando ya = yb , verificando-se então que

$$ma(y_a,y_a) = mg(y_a,y_a) = mh(y_a,y_a) = y_a$$

A figura 4.6 apresenta duas funções de pertinência definidas, uma com Q=20 e W=6 e outra com Q=20 e W=30, e os valores das três médias das pertinências geométricas. Todas as três médias encontram-se no intervalo dos valores dos componentes, mantendo a relação indicada na expressão (4.11).

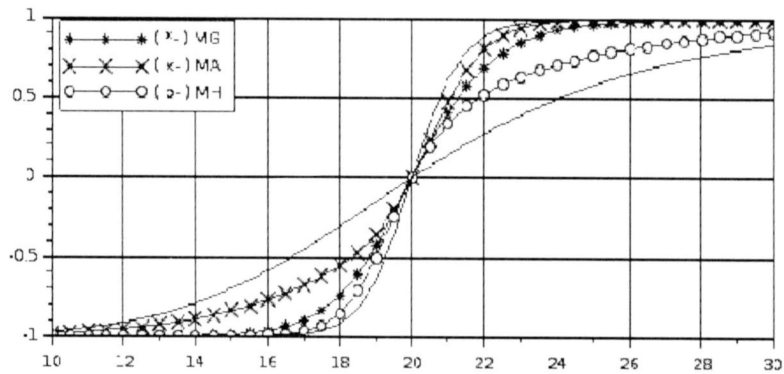

Fig. 4.6 - Médias dos atributos geométricos

A figura 4.7 apresenta configuração similar das médias na figura anterior, utilizando agora um fator crescente e o outro decrescente. Uma com Q=20 e W=6 e outra com Q=20 e W=-30. Na figura são também traçados os gráficos das combinações disjuntiva e conjuntiva dos fatores, para fins de comparação.

A média aritmética é atraída pelo maior dos fatores e a média harmônica pelo menor dos fatores, enquanto a média geométrica é atraída pelo fator com pertinência conceitual com maior valor absoluto, no intervalo (-1,1).

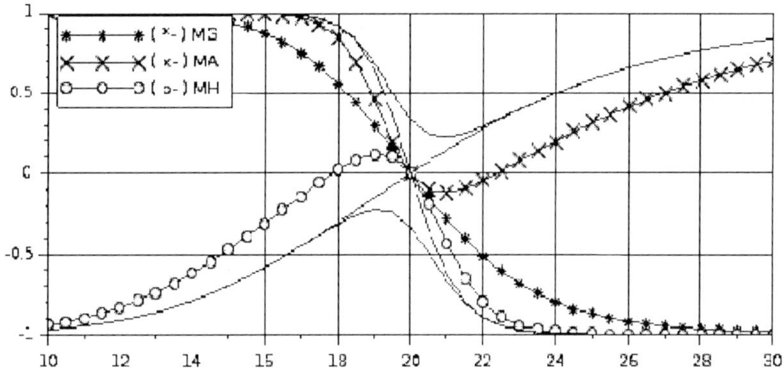

Fig. 4.7 - Médias dos atributos geométricos

Na observação da figura 4.7, onde a única diferença foi a inversão de uma componente, fazendo W negativo, torna nítida a percepção das relações entre a média aritmética e a disjunção dos n graus geométricos, sendo o grau geométrico da conjunção de n fatores igual à média aritmética desses fatores multiplicadas pelo número n de fatores, e a relação entre a média harmônica e a conjunção dos n fatores, sendo a média harmônica igual à conjunção desses fatores multiplicada pelo número n de fatores. Essas constatações podem ser trivialmente confirmadas analiticamente.

Para aumentar a percepção dos fatores, as figuras 4.8 e 4.9 apresentam a mesma situação com as duas funções componentes das médias deslocadas, atribuindo-se diferentes valores para seus parâmetros Q.

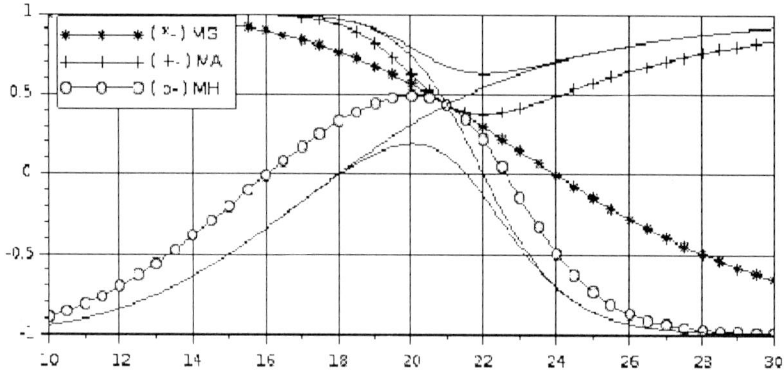

Fig. 4.8 - Médias

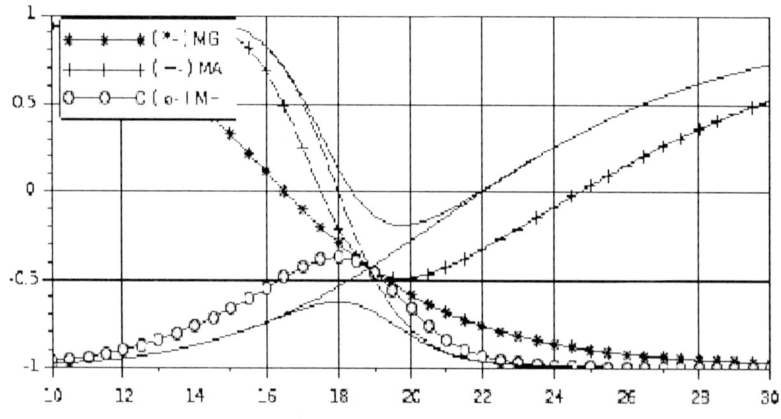

Fig. 4.9 - Médias

CONCLUSÕES NO ESPAÇO GEOMÉTRICO

No espaço geométrico, a média aritmética é menor que a disjunção, mas atraída pelo maior dos fatores, e a média harmônica menor que a conjunção dos fatores, mas atraída pelo menor dos fatores. A média geométrica tem um comportamento diferente, sendo atraída pelo fator de maior valor absoluto, embora sendo mostrada superior à simples média geométrica dos índices conceituais dos fatores.

Um problema sério é que nenhuma das três médias é distributiva, ao contrário das agregações disjuntivas e conjuntivas, além de não atenderem as condições de De Morgan.

A escolha da melhor forma de agregações de valores, sejam conceituais no espaço (-1,1) ou percentuais no espaço (0,1), para produzir valores globais combinados deve ser objeto de estudos mais profundos, o que deve ser feito no espaço conceitual geométrico, o que pretende ser uma importante contribuição deste texto.

Espera-se que o PNUD reavalie sua metodologia de avaliação do IDH das nações, recomendando-se a hipótese de reconsiderar os conceitos de satisfação geométrica de seus requisitos e as agregações a serem feitas nesse espaço.

As figuras 4.1 e 4.2 ilustram de forma clara os efeitos dos cálculos da média geométrica sobre os conceitos numéricos percentuais e sobre esses conceitos transformados para o espaço geométrico, calculadas as médias geométricas e os resultados transformados de volta ao espaço conceitual ou percentual.

Capítulo 5

Controle Difuso de Sistemas

Uma aplicação muito explorada dos conjuntos difusos é a de sistemas de controle. Preliminarmente serão discutidas propriedades de sistemas dinâmicos complexos e seus problemas de controle.

SISTEMAS DINÂMICOS COMPLEXOS

Um sistema dinâmico complexo pode ser caracterizado, em um determinado instante, pelo conhecimento de suas variáveis de estado. As variáveis de estado estão ligadas aos elementos do sistema com capacidade de armazenar energia. O modelo matemático de um sistema dinâmico complexo pode ser expresso por uma equação do tipo

$$\frac{dx}{dt} = f(x, u)$$

onde $\boldsymbol{x}$ é o vetor das variáveis de estado, $\boldsymbol{dx/dt}$ o vetor das derivadas das variáveis de estado, ou seja, suas variações no tempo, e $\boldsymbol{u}$ o vetor de entradas do sistema ou as excitações.

O problema clássico de controle de sistemas constitui em observar algumas variáveis do sistema, as variáveis ditas de saída, e as comparar com os valores definidos como desejáveis para elas, gerando então os valores das variáveis de entrada que devem levar as de saída aos estabelecidos como desejáveis.

No caso simples quando o sistema é constituído por elementos com parâmetros concentrados invariantes no tempo e a função f é linear, a análise do sistema é simplificada. Mas, usualmente, os sistemas reais não são lineares, o que dificulta grandemente sua análise. Uma solução possível e muito utilizada é de simplificar o sistema real, representando-o como um sistema linear que é uma aproximação, mais ou menos grosseira, da realidade.

Nos primórdios da corrida espacial EUA x URSS, os Estados Unidos perderam a corrida para colocar o primeiro satélite artificial em órbita da terra porque não conseguiam controlar os foguetes lançadores, com sua linearização por partes das funções não lineares do modelo matemático ou desprezando as distorções de resposta ocasionadas pelas mesmas não linearidades das funções, considerando somente o primeiro harmônico da resposta. Os soviéticos enfrentaram o problema como não linear e concentraram-se não na solução dos modelos, mas no estudo da estabilidade dessas soluções, isto é, se pequenas perturbações poderiam instabilizar o foguete, como acontecia nos lançamentos Americanos.

Uma alternativa muito usada para resolver o problema de controle não linear é o controle difuso, abordado a seguir, em suas versões atuais e na versão alternativa proposta, através do exemplo do controle de um pêndulo invertido.

DESCRIÇÃO DO CONTROLE DE UM PÊNDULO INVERTIDO

O sistema consiste em um carro com um pêndulo que deve ser mantido na vertical. O pêndulo oscila no mesmo plano do deslocamento do carro. As variáveis observáveis são o deslocamento do pêndulo em relação à vertical e sua velocidade angular, e a ação exercida é a força sobre o carro que deve se deslocar no sentido de equilibrar o pêndulo.

Para a discussão, vamos convencionar o sentido positivo como o horário, tanto para o deslocamento do pêndulo em relação à vertical como para sua velocidade angular, e o sentido positivo da força sobre o carro para a direita.

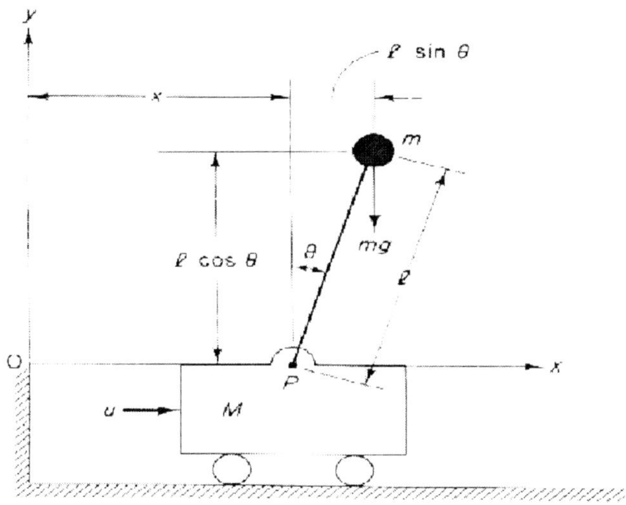

Fig. 5.1 – O sistema "pêndulo invertido"

O objetivo do sistema de controle é manter o pêndulo estático na posição vertical, isto é, tanto o deslocamento em relação à vertical quanto sua velocidade angular deve ser zero. Os erros então são dados pelos próprios valores do deslocamento e velocidade do pêndulo, que são as variáveis de entrada do controlador. A variável de saída que deve ser proporcionada pelo controlador é a força que deve ser exercida sobre o carro para que seu movimento equilibre o pêndulo.

A modelagem dinâmica dos efeitos da força f, exercida sobre o carro, sobre os valores do desvio e da velocidade do pêndulo, ao longo do tempo, é um tanto trabalhosa, mas a intenção aqui é de analisar os aspectos qualitativos do funcionamento do controlador, convertendo os valores de desvio e velocidade observados nos valores desejados da força impulsionada ao carro, deixando para uma segunda etapa o ajuste dos parâmetros do controlador para otimizar os efeitos quantitativos.

CONTROLE DIFUSO CLÁSSICO DO PÊNDULO INVERTIDO

Na abordagem "clássica" do controle difuso de sistemas dinâmicos [8], as variáveis de entrada são qualificadas por expressões linguísticas, por meio de funções de pertinência adequadas, como por exemplo, a medida de um erro, que pode ser descrito por *zero, positivo pequeno, positivo médio, positivo grande, negativo pequeno*, etc.

As funções de pertinência usadas normalmente são triangulares ou trapezoidais. O controlador difuso recebe um valor de referência r(t) e, comparando com o valor da variável de saída correspondente, y(t), o transforma em um valor de entrada no processo, u(t). O valor de saída do processo, y(t), é realimentado no controlador difuso, controlando dinamicamente u(t). Esses valores podem ser escalares ou vetoriais.

O controlador difuso gera, a partir dos sinais de referência r(t) e de saída, y(t), o sinal de controle u(t) do processo. O controlador executa um procedimento composto por uma fase de fuzzificação, onde os sinais são convertidos em graus de pertinência às funções especificadas, um mecanismo de inferência, que gera os graus de pertinência às funções definidas para a saída do controlador e de entrada do processo, de acordo com as regras de controle, e um mecanismo de defuzzificação, onde esses graus de pertinência são combinados, gerando os valores finais de saída do controlador e entrada do processo.

O mecanismo de inferência utiliza uma base de regras, formada por expressões linguísticas relacionando as entradas do controlador com as saídas desejadas. Adiantando um pouco, se as variáveis observadas de estado são e1 e e2 e a saída é s, uma regra poderia ser:

Se *e1 é positivo médio* **E** *e2 é negativo pequeno*,

Então *s é positivo pequeno*

O grau de pertinência zs ao conjunto difuso C, suposto triangular, define um trapézio que tem a área do triângulo da função de pertinência, excluída sua parte superior ao valor zs, com centro localizado no espaço de saída.

Na fase de defuzzificação, a operação mais usada é a do centro de gravidade. Para o par de valores de entrada do controlador, os trapézios obtidos no processo de inferência são superpostos, mantendo seus posicionamentos no espaço de saída, e é calculado o centro de gravidade da área resultante. A posição do centro de gravidade no espaço de saída é o valor da variável s de saída que será fornecido ao sistema controlado.

Nas simulações abaixo, os valores das entradas foram constituídos por vetores de dimensão finita, idênticas para as duas entradas, e o mesmo número de funções de pertinência tanto no espaço das entradas como no da saída. As entradas consideradas foram em intervalos normalizados tanto para o desvio como para a velocidade, que devem ser convertidas para os valores observados em graus e graus por segundo, da mesma forma que para a saída, deve ser convertida para a força em Newtons. No traçado das superfícies, os valores intermediários foram interpolados por procedimentos padrão do pacote SciLab utilizado.

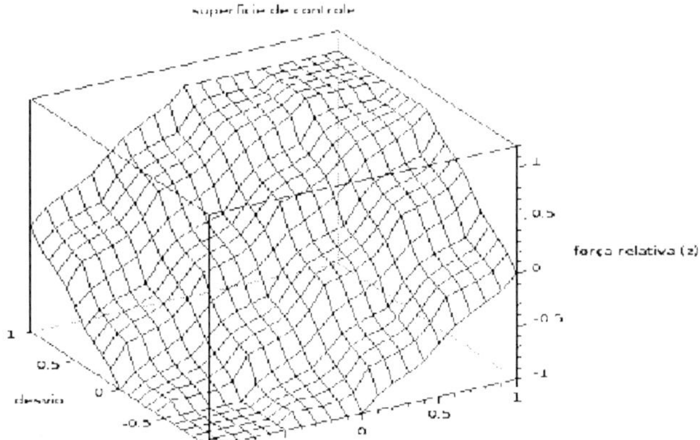

Fig. 5.2 – Superfície com 5 conjuntos difusos de entrada e saída

A figura 5.2 apresenta o resultado com cinco funções de pertinência definidas e 21 valores para cada variável de entrada. As cinco funções de pertinência definidas para cada entrada exigem uma base com 25 regras de decisão, que devem ser aplicadas em cada procedimento de inferência.

Ampliando a amplitude das entradas de teste para 41 valores, mantendo os mesmos limites, o resultado é mostrado na figura 5.3, onde fica mais nítida a visualização da superfície de controle, que mantém o mesmo escalonamento percebido na figura 5.2. A base de regras permanece a mesma do caso anterior.

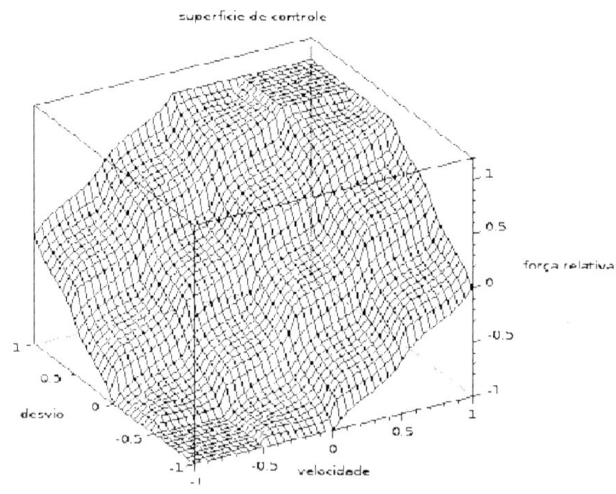

Fig. 5.3 – Superfície com 41 valores das variáveis de entrada

Uma alteração significativa é obtida com a alteração do número de funções de pertinência dos espaços de entrada e de saída, de 5 para 9, resultado mostrado na figura 5.4. Com essa alteração passa-se a ter 81 regras de controle que devem ser aplicadas em cada procedimento de inferência, um aumento de mais de 200% em relação ao caso anterior. O resultado, porém, é significativo, pois o escalonamento da superfície tornou-se mais suave.

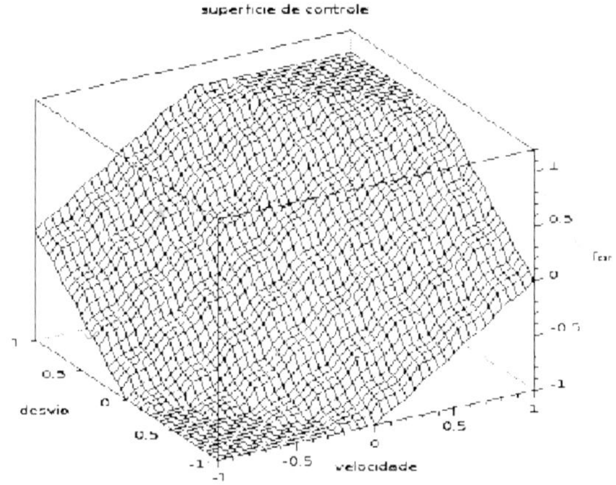

Fig. 5.4 – Superfície com 9 conjuntos difusos de entrada e saída

Em realidade o que se obtém no procedimento adotado é uma linearização por partes da função de transferência dos desvios das entradas, posição e velocidade. O efeito é percebido de forma nítida comparando as figuras 5.3 e 5.4, onde as descontinuidades da função de controle são suavizadas ao se passar de 5 para 9 funções de pertinência para cada entrada.

Ao passar de 5 para 9 funções de pertinência das entradas, a quantidade de regras de controle passou de 25 para 81, que devem ser avaliadas a cada par de valores de posição e velocidade, um acréscimo de necessidade computacional, requerendo maior tempo de processamento, com o benefício de se obter uma superfície de controle mais suave.

O aumento do número de funções de pertinência de entrada melhora o aspecto da superfície de controle, que se torna mais contínua, mas aumenta o tempo necessário de processamento das regras de controle, que cresce com o quadrado do número de funções de pertinência.

CONTROLE DIFUSO PROPOSTO DO PÊNDULO INVERTIDO

Convencionando o sentido positivo como o horário, tanto para o deslocamento do pêndulo em relação à vertical como para sua velocidade angular, e o sentido positivo da força para a direita, uma (a rigor, a única) regra de decisão seria

Se *desvio é positivo* **E** *velocidade é positiva* **Então** *força é positiva*

Se d é o desvio da vertical, em graus, e v a velocidade angular, em graus por segundo, as funções de pertinência para os graus de desvios e velocidades positivas podem ser definidas, pela expressão (5.1), como

$$z_d = \left[\frac{\exp(d)}{\exp(Q_d)}\right]^{(W_d)} \quad \text{e} \quad z_v = \left[\frac{\exp(V)}{\exp(Q_v)}\right]^{(W_v)} \tag{5.1}$$

onde Qd, Wd, Qv e Wv são parâmetros a serem ajustados.

A regra de controle deve ser cuidadosamente interpretada, antes de sua aplicação, pois a simples combinação conjuntiva, interpretação comum do operador lógico **E,** resultará em um valor menor que zd e também menor que zv, o que não interpreta o conhecimento do formulador da regra de decisão acima, que deveria ser reformulada em duas sentenças separadas:

Se *o desvio é positivo*, **Então** *a força é positiva.*
Se *a velocidade é positiva*, **Então** *a força é positiva.*

Nessa reformulação, a combinação da força induzida por cada sentença deve ser aditiva, pois a força decorrente de um desvio positivo pode ser atenuada, ou até compensada ou ultrapassada por uma força decorrente de uma velocidade negativa.

Para manter o resultado no mesmo espaço conceitual, a regra deve ser aditiva, e deve produzir um índice de pertinência para a força z_c dada por

$$z_c = \frac{z_d + z_v}{2} \tag{5.2}$$

A superfície de controle foi calculada com as entradas xd e xv no intervalo (-20,20) graus para o desvio e as velocidades no intervalo (-5,5) graus por segundo. As pertinências aritméticas yd e yv foram calculadas com Qd=Qv=0 e Wd=0,2 e Wv=0,8,, resultando nos valores zd e zv para as entradas do controlador.

O valor da força que deve ser exercida sobre o carro foi obtida pela média aritmética dos valores das pertinências zd e zv, no intervalo (-1,1), e o resultado, a superfície de controle zs, desenhado em função das entradas xd e xv na figura 5.5.

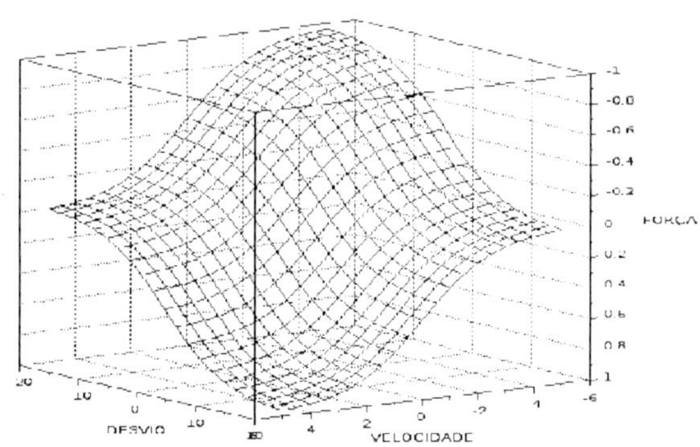

Fig. 5.5 - Superfície de controle de pêndulo

O exemplo apresentado usou o valor do desvio e velocidade em relação à vertical da posição do pêndulo, uma diferença para a interpretação mais rigorosa, dependente do seno do desvio, mas uma interpretação comum é confundir o valor do arco com o seu seno, na região de pequenos desvios da vertical.

O exemplo apresentado serve somente para mostrar uma superfície de controle suave e contínua, devendo as expressões de pertinência e o cálculo da força resultante serem ajustadas em função das condições dinâmicas do sistema.

Uma outra conclusão interessante é que sua implementação pode ser feita com dispositivos eletrônicos analógicos, proporcionando um funcionamento verdadeiramente em tempo real, dispensando o pesado processamento digital requerido nas atuais implementações descritas na literatura.

Capítulo 6

Conclusões

O texto aqui apresentado pretende propor uma teoria de sistemas difusos (*fuzzy sets*) não como uma extensão da lógica clássica, como originalmente proposto por Zadeh, mas como uma estrutura que, no caso limite, resulta na lógica clássica.

Os capítulos 1 e 2 apresentam os conceitos básicos da teoria, conceituando as ideias de pertinência conceitual, pertinência geométrica e operações lógicas definidas no espeço geométrico. A função de similaridade é proposta com bons resultados intuitivos. No final é mostrada a relação dos operadores disjuntivos e conjuntivos para o cálculo da resistência equivalente da associação de dois resistores diferentes em paralelo e em série.

O capítulo 3 apresenta algumas aplicações sobre o desenvolvimento de modelos com ênfase à adequação de suas representações às situações reais consideradas, evidenciando a versatilidade de suas funções para expressar as condições intuitivamente esperadas, usando extensivamente a ideia de pertinência geométrica como uma medida realmente difusa.

O capítulo 4 discute quase exclusivamente o programa do PNUD (Programa das Nações Unidas para o Desenvolvimento), que divulga anualmente seu IDH (Índice de Desenvolvimento Humano), onde é demonstrada a conveniência de aplicar a média geométrica não sobre os índices percentuais de satisfação dos conceitos, mas sobre os conceitos geométricos desses índices, retornando os resultados ao espaço percentual, como mais uma evidência da importância e significância do espaço geométrico. A média geométrica no espaço geométrico parece ser uma alternativa à combinação conjuntiva, que é igual à média harmônica multiplicada pelo número de componentes.

O capítulo 5 discute a área de aplicação dos "fuzzy sets" a sistemas de controle, com intensa atividade nas últimas décadas, que pode ser beneficiada com as ideias aqui apresentadas, recomendando-se a reformulação de todo o imenso acervo de trabalhos científicos já publicados sob o título genérico de "conjuntos e sistemas difusos" (*fuzzy sets and systems*).

Finalmente, uma contribuição significativa do texto é o conceito de pertinência geométrica, expressa como um número real positivo, que permite a definição de operações lógicas com resultados e significações absolutamente coerentes com a intuição comum.

A expectativa é que esta publicação seja objeto de análise e crítica da comunidade dedicada ao assunto, esperando que os comentários e críticas sejam enviados, em qualquer língua, para: *luiz.maia@ufsc.br.*

Florianópolis, SC, Abril de 2023

Apêndice

Todas as figuras apresentadas foram traçadas com o pacote **SciLab**, desenvolvido na França, hoje mantido e controlado pela *SciLab Enterprises*, pode ser baixado e instalado em diferentes plataformas, acessando o site **www.scilab.org**. Este apêndice contém todos os códigos utilizados para a apresentação das figuras.

Funções básicas utilizadas por todos os procedimentos

```
// Definição inicial das funções ------
funcprot(0)
// nc -- Complemento conceitual
function [x] = nc (x1); x=-x1;     endfunction;
// ng -- Complemento geométrico
function [y] = ng (y1); y=1/y1; endfunction;
// cg -- conceitual para geometrico
function y=cg(z);   y=(1+z)./(1-z); endfunction
// gc -- geometrico para conceitual
function z=gc(y);   z=(y-1)./(y+1); endfunction
// pg -- Pertinencia geometrica
function y=pg(x,q,w);   y=(x./q).^w; endfunction
// pa -- pertinencia aritmetica
function y=pa(x,q,w);   y=((exp(x))./(exp(q))).^w; endfunction
// xg -- Atributo original de yg
function x=xg(y,q,w); x=(q)*(y^-w); endfunction
// xa -- Atributo original de ya
function x=xa(y,q,w); x=q-w*log(y); endfunction
// mc -- modificacao de conceitos
```

```
function ycm=mc(yco,r,s); ycm=(yco./r).^s; endfunction

// dombi -- Combinação Dombi
function yc=dombi(ya,yb,alfa); yc=((ya.^alfa)+(yb.^alfa)).^(1/alfa);
endfunction

// conj -- conjuncao propria (alfa=-1)
function yd=conj(ya,yb); yd=dombi(ya,yb,-1); endfunction

// disj -- disjuncao propria (alfa=+1)
function yc=disj(ya,yb); yc=dombi(ya,yb,1); endfunction

// disv - disjunção vetorial (resulta matriz)
function m=disv(a,b);
  sa=size(a), sb=size(b)
  va=sa(2),vb=sb(2)
  for ia=1:1:va
    for ib=1:1:vb
      m(ia,ib)=disj(a(ia),b(ib))
    end
  end
endfunction

// conv - conjunção vetorial (resulta matriz)
function m=conv(a,b);
  sa=size(a), sb=size(b)
  va=sa(2),vb=sb(2)
  for ia=1:1:va
    for ib=1:1:vb
      m(ia,ib)=conj(a(ia),b(ib))
```

```
    end
  end
endfunction

// dism -- dinjunção matricial
function m=dism(a,b);
  [n1,n2]=size(a)
  for a1=1:1:n1
    for a2=1:1:n2
      ka=a(a1,a2),kb=b(a1,a2)
      m(a1,a2)=disj(ka,kb)
    end
  end
endfunction

// conm -- conjunção matricial
function m=conm(a,b);
  [n1,n2]=size(a)
  for a1=1:1:n1
    for a2=1:1:n2
      ka=a(a1,a2),kb=b(a1,a2)
      m(a1,a2)=conj(ka,kb)
    end
  end
endfunction

// p2p - W da função por dois pontos
// y1(x1)=1, y2(x2)=50
function W=p2p(x1,x2);
  W=log(1/10)/log(x1/x2);
```

endfunction

// **fp2p** - Função de pertinência de x entre x1 e x2

function Y=fp2p(x,x1,x2);. xm=(x1+x2)/2;

Q1=x1; W1=p2p(x1,xm); Q2=x2; W2=p2p(x2,xm);

y1=(x/Q1)^W1; y2=(x/Q2)^W2; Y=conj(y1,y2);

endfunction

Cap. 1 – Conjuntos Difusos

// **Fig. 1.1** - relação entre pertinências

clf(); z=(-1:0.01:1); y=cg(z);

plot2d(y,z,axesflag=1,frameflag=2,logflag="ln")

xlabel "Pertinência Geometrica" fontsize 2

ylabel "Pertinência Conceitual" fontsize 2

title "Fig. 1.1 - Relação entre Pertinências" fontname 5 fontsize 4

xgrid (1,1)

// **Fig. 1.2** - peso pessoas - peso(kg)

clf(); peso=(25:1:100); pes=pg(peso,65,10); pesado1=gc(pes);

plot2d(peso,pesado1,axesflag=1,frameflag=2,logflag="nn")

xlabel "PESO (kg)" fontsize 2; ylabel "Conceito PESADO" fontsize 2

title "Fig. 1.2 - Conceito PESADO, com Q=65 e W=10" fontname 5 fontsize 4

xgrid (1,1)

/ / **Fig. 1.3** - Conceito JOVEM

clf(); idade=(10:1:70); jov=pg(idade,35,-6); jovem=gc(jov);

plot2d(idade,jovem,axesflag=1,frameflag=2,logflag="nn")

xlabel "IDADE (anos)" fontsize 2; ylabel "Conceito JOVEM" fontsize 2

```
title "Fig. 1.3 - Conceito JOVEM com Q=35 e W=-6" fontname 5 fontsize 4
xgrid (1,1)

// Fig. 1.4 - conceito Bom Saldo Bancario
clf(); sal=(-2:0.1:6); sg=pa(sal,2,1); z=gc(sg);
plot2d(sal,z,axesflag=1,frameflag=2,logflag="nn")
xlabel "SALDO (milhares de reais" fontsize 2
ylabel "Bom Saldo Bancario" fontsize 2
title "Fig. 1.4 - Conceito Bom Saldo Bancario com Q=2 e W=2" fontname
5 fontsize 4
xgrid (1,1)

// Fig1.5 - Conceito Maior de idade
clf(); idade=(10:1:70); jov=pg(idade,35,-6);
mai=mc(jov,40,-4); maior=gc(mai);
plot2d(idade,maior,axesflag=1,frameflag=2,logflag="nn")
xlabel "IDADE (anos)" fontsize 2
ylabel "Conceito MAIOR DE IDADE" fontsize 2
title "Fig 1.5 - Conceito (Maior de Idade), com R=40 e S=-4" fontname
5 fontsize 4 ; xgrid (1,1);
```

Cap. 2 – Operações Difusas

```
// Fig. 2.1 - Terceiro não excluido
clf(); z=(-0.99:0.01:0.99); a=-z; ya=cg(a); yz=cg(z);
con=conj(ya,yz); ccon=gc(con);
dis=disj(ya,yz); cdis=gc(dis);
plot2d(a,z,axesflag=1,frameflag=2,logflag="nn");
xlabel "Conceito" fontsize 2; ylabel "Conceito" fontsize 2;
title "Fig 2.1 - Terceiro (NÃO) excluido" fontname 5 fontsize 4
plot2d2(a,a); plot2d2(z,ccon); plot2d2(z,cdis); xgrid(1,1);
```

```
// Fig. 2.2 - jovem maior de idade
idade=(10:1:70); jov=pg(idade,35,-6); mai=mc(jov,40,-4); maior=gc(mai);
y7=conj(jov,mai); z7=gc(y7);
clf(); plot2d(idade,z7,axesflag=1);
xlabel "IDADE (anos)" fontsize 2
ylabel "Jovem MAIOR DE IDADE" fontsize 2
title "Fig 2.2 - Maior de Idade, com R=40 e S=-4" fontname 5 fontsize 4
; xgrid(1,1);

// Fig2.3 - jovem maior de idade
idade=(10:1:70); jov=pg(idade,35,-6);
mai=mc(jov,40,-4); maior=gc(mai);
y7=conj(jov,mai); y8=mc(y7,1,2); z8=gc(y8);
clf(); plot2d(idade,z8,axesflag=1);
xlabel "IDADE (anos)" fontsize 2
ylabel "Jovem MAIOR DE IDADE" fontsize 2
title "Fig 2.3 - Maior de Idade, intensificado" fontname 5 fontsize 4
xgrid(1,1,1);

// Fig. 2.4 -  pessoa alta com Q=10, W=20
clf(); x9=(120:5:220); y9=pg(x9,170,20); z9=gc(y9);
xlabel "Altura (cm)" fontsize 2; ylabel "Pessoa alta" fontsize 2;
title "Fig 2.4 -Pessoa alta, com Q=170, W=20" fontname 5 fontsize 4;
plot2d(x9,z9,axesflag=1); xgrid(1,1);

// Fig. 2.5 - conceito pessoa grande -
clf(); altura=(120:5:220); alt=pg(altura,170,9); alto=gc(alt);
peso=(50:5:150); pes=pg(peso,65,10); pesado=gc(pes);
gran=conm(alt,pes); granm=mc(gran,1,2); grande=gc(gran);
```

```
plot3d(peso,altura,grande,flag=[0,4,3],ebox=[150,50,-1,220,120,1]);
p=gca();p.cube_scaling="on";p.tight_limits="off";
p.axes_visible = ["on","on","on"] ;p.grid=[1,1,1];
p.axes_reverse=["on","on","off"];
xlabel "Peso (kg)" fontsize 2;
ylabel "Altura (cm)" fontsize 2;
zlabel "Grande" fontsize 2;
title "Fig 2.5 - Pessoa grande" fontname 5 fontsize 4;
xgrid(1,1,1);
```

// **Fig. 2.6** - conceito pessoa mal proporcionada

```
clf(); funcprot(0);
altura=(120:5:220); alt=pg(altura,170,20); alto=gc(alt);
peso=(50:5:150); pes=pg(peso,100,12); pesado=gc(pes);
nalt=ng(alt); npes=ng(pes);
beg=conv(pes,nalt);cbeg=gc(beg);
aem=conv(npes,alt);caem=gc(aem);
pmp=dism(beg,aem); cpmp=gc(pmp);
plot3d(peso,altura,cpmp,flag=[0,4,3],ebox=[50,120,-1,150,220,1]);
p=gca(); p.cube_scaling="on"; p.tight_limits="off";
p.axes_visible = ["on","on","on"]; p.grid=[1,1,1];
p.axes_reverse=["on","on","off"];
xlabel "Peso (kg) " fontsize 2;
ylabel "Altura (cm) " fontsize 2;
zlabel "PMP" fontsize 2;
title "Fig 2.6 - Pessoa mal proporcionada" fontname 5 fontsize 4;
xgrid(1,1,1);
```

// **Fig. 2.7** - conceitos com diferentes contrastes

```
clf();funcprot(0);
```

```
x12=(10:0.5:20);
y12a=pg(x12,15,8); z12a=gc(y12a);
y12b=pg(x12,15,30); z12b=gc(y12b);
plot2d(x12,z12a,axesflag=1); plot2d(x12,z12b,axesflag=1);
xlabel "atributo x" fontsize 2; ylabel "conceito z" fontsize 2
title "Fig 2.7 - conceitos com diferentes contrastes" fontname 5 fontsize 4
xgrid(1,1,1);

// Fig. 2.8 - combinações disjuntivas
clf(); x12=(10:0.5:20);
y12a=pg(x12,15,8); z12a=gc(y12a);
y12b=pg(x12,15,30); z12b=gc(y12b);
plot2d(x12,z12a,axesflag=1);
plot2d(x12,z12b,axesflag=1);
yam=dombi(y12a,y12b,0.5); zam=gc(yam);
ya1=dombi(y12a,y12b,1); za1=gc(ya1);
ya2=dombi(y12a,y12b,2); za2=gc(ya2);
plot2d(x12,za1,axesflag=1);
plot(x12,zam,"k-o");
plot(x12,za2,"k-*");
legend(" (o) +0.5","(*) +2",pos=2);
xlabel "atributo x" fontsize 2
ylabel "conceito z" fontsize 2
title "Fig 2.8 - Combinações disjuntivas" fontname 5 fontsize 4
xgrid(1,1,1);

// Fig. 2.9 - combinações conjuntivas
clf(); x12=(10:0.5:20);
y12a=pg(x12,15,8); z12a=gc(y12a);
y12b=pg(x12,15,30); z12b=gc(y12b);
```

```
plot2d(x12,z12a,axesflag=1);
plot2d(x12,z12b,axesflag=1);
yam=dombi(y12a,y12b,-0.5); zam=gc(yam);
ya1=dombi(y12a,y12b,-1); za1=gc(ya1);
ya2=dombi(y12a,y12b,-2); za2=gc(ya2);
plot2d(x12,za1,axesflag=1);
plot(x12,zam,"k-o"); plot(x12,za2,"k-*");
legend(" (o) -0.5","(*) -2",pos=2);
xlabel "atributo x" fontsize 2
ylabel "conceito z" fontsize 2
title "Fig 2.9 - Combinações conjuntivas"  fontname 5 fontsize 4
xgrid(1,1,1);
```

// **Fig. 2.10** - Similaridade ao protótipo com x=180

```
clf(); x=(130:1:210); Q=170;W=20;
y=pg(x,Q,W); z=gc(y); yp=(179.9/Q)^W; zp=gc(yp);
ys=simi(yp,y); zs=gc(ys);
plot2d(x,z,axesflag=1); plot2d(x,zs,axesflag=1);
xlabel "altura x (cm))" fontsize 2
ylabel "conceito z" fontsize 2
title "Fig 2.10 - Similaridade com Q=170, W=20"  fontname 5 fontsize 4
xgrid(1,1,1);
```

// **Fig. 2.12** - Similaridade ao protótipo com x=180

```
x=(130:1:210); Q=180; W=20;
y=pg(x,Q,W); z=gc(y); yp=(179.9/Q)^W; zp=gc(yp);
ys=simi(yp,y); zs=gc(ys);
plot2d(x,z,axesflag=1); plot2d(x,zs,axesflag=1);
xlabel "altura x (cm))" fontsize 2
ylabel "conceito z" fontsize 2
```

```
title "Fig 2.12 - Similaridade com Q=180, W=20"  fontname 5 fontsize 4
xgrid(1,1);

// Fig. 2.13 - Similaridade ao protótipo com x=180
clf(); x=(130:1:210); Q=170;W=30;
y=pg(x,Q,W); z=gc(y); yp=(179.9/Q)^W; zp=gc(yp);
ys=simi(yp,y); zs=gc(ys);
plot2d(x,z,axesflag=1); plot2d(x,zs,axesflag=1);
xlabel "altura x (cm))" fontsize 2
ylabel "conceito z" fontsize 2
title "Fig 2.13 - Similaridade com Q=170, W=30"  fontname 5 fontsize 4
xgrid(1,1);

// Fig. 2.14 - Similaridade ao protótipo com x=180
clf(); x=(130:1:210); Q=170;W=10;
y=pg(x,Q,W); z=gc(y);  yp=(179.9/Q)^W; zp=gc(yp);
ys=simi(yp,y); zs=gc(ys);
plot2d(x,z,axesflag=1); plot2d(x,zs,axesflag=1);
xlabel "altura x (cm))" fontsize 2
ylabel "conceito z" fontsize 2
title "Fig 2.14 - Similaridade com Q=170, W=10"  fontname 5 fontsize 4
xgrid(1,1);

// Fig. 2.15 - similaridade com peso=76 kg e altura 161 cm
clf(0); qp=75;qa=160;wp=12;wa=14;
xp=(50:2:100); yp=pg(xp,qp,wp);
xa=(110:4:210); ya=pg(xa,qa,wa);
xpa=159.9;xpp=74.9; ypp=pg(xpp,qp,wp); ypa=pg(xpa,qa,wa);
ysp=simi(yp,ypp); ysa=simi(ya,ypa)// Fig. 5.5 - Superficie de controle
clf(); xd=(-20:2:20); yd=pa(xd,0,0.2); zd=gc(yd);
```

```
xv=(-5:0.5:5); yv=pa(xv,0,0.8); zv=gc(yv);
a=size(zd,"c"); zs=zeros(a,a);
for id=(1:1:a) do
   for iv=(1:1:a) do
      zs(id,iv)=(zd(id)+zv(iv))/2; // zs(id,iv)=gc(ys);
   end
end
plot3d(xd,xv,zs,theta=60,alpha=60,flag=[0,4,3],ebox=[-1,-1,-1,1,1,1]);
p=gca();p.cube_scaling="on";p.tight_limits="off";
p.axes_visible = ["on","on","on"]; p.grid=[1,1,1];
p.axes_reverse=["on","on","off"];
xlabel "DESVIO" ; ylabel "VELOCIDADE" ; zlabel "FORÇA";
title "Fig. 5.5 - Superfície de controle do pêndulo" fontname 5 fontsize 3;
y16=conv(ysp,ysa);z16=gc(y16);
plot3d(xa,xp,z16,flag=[0,4,3],ebox=[100,50,-1,210,110,1]);
p=gca();p.cube_scaling="on";p.tight_limits="on";
p.axes_visible = ["on","on","on"];p.grid=[1,1,1];
p.axes_reverse=["on","on","off"];
xlabel "altura (cm))" fontsize 2
ylabel "peso (kg)" fontsize 2
zlabel "conceito z" fontsize 2
title "Fig 2.15 - Similaridade com 160 cm e 75 kg"  fontname 5 fontsize 4
xgrid(1,1,1);
```

```
// Fig. 2.16 - similaridade em curvas de nível
clf(0); qp=75;qa=160;wp=12;wa=14;
xp=(50:2:100); yp=pg(xp,qp,wp);
xa=(110:4:210); ya=pg(xa,qa,wa);
xpa=159.9;xpp=74.9; [um,np]=size(xa);
ypp=pg(xpp,qp,wp); ypa=pg(xpa,qa,wa);
```

```
for i=1:1:np do
   ysp(i)=(yp(i)*ypp)/((yp(i)-ypp)^2); end;
for i=1:1:np do
   ysa(i)=(ya(i)*ypa)/((ya(i)-ypa)^2); end;
for i1=1:1:np do
for i2=1:1:np do
   y16(i1,i2)=conj(ysp(i1),ysa(i2)); end ; end
f=gcf(); f.color_map=[0,0,0];
z16=gc(y16);
nz=[0.95,0.8,0.6,0.4,0.2,0,-0.2,-0.4];
contour(xa,xp,z16,nz);
xlabel "altura (cm))" fontsize 2
ylabel "peso (kg)" fontsize 2
title "Fig 2.16 - Similaridade com 160 cm e 75 kg"  fontname 5 fontsize 4
xgrid(1,1);

// fig. 2.17 - percepções de estímulos
clf();
subplot(1,2,1);
i=[.01 .05 .1 .5 1 5 10 50 100];
t1=1.3; t2=1; t3=0.3;
plot2d(i,i.^t2,logflag="ll",rect=[1,1,10,10],axesflag=1);
plot(i,i.^t1,"ko-"); plot(i,i.^t3,"kx-");
xlabel "Intensidade física" fontsize 2
ylabel "Percepção" fontsize 2
title "Fig 2.17 - Logarítmica"  fontname 5 fontsize 4
xgrid(1,1);
legend ("linha","aperto","sal",pos=2);
subplot(1,2,2);
il=(-2:0.1:0.3); i=10 .^il;
```

```
t1=1.7; t2=1; t3=0.3;
plot2d(i,i .^ t2,logflag="nn",rect=[0,0,2,2],axesflag=1);
plot(i,i.^t1,"ko-");
plot(i,i.^t3,"k+-");
xlabel "Intensidade física" fontsize 2
ylabel "Percepção" fontsize 2
title "Fig 2.17 - Linear"  fontname 5 fontsize 4
xgrid(1,1);
legend ("linha","aperto","sal",pos=2);
```

// **Fig. 2.18** - comparação com dados experimentais

```
clf();
f=gcf(); f.color_map=[0,0,0];
x=(0.5:0.1:1.5);
po=[4 8 13 28 37 50 60 68 75 85 95];
zo=po ./ 50 - 1; yc=pg(x,1,5); zc=gc(yc);
plot2d(x,zc,axesflag=1); plot(x,zo,"o");
xlabel "Concentração de açúcar" fontsize 2
ylabel "Percepção" fontsize 2
title "Fig 2.18 - Comparação com dados experimentais" fontname 5 fontsize 4
legend("calculado","observado",pos=2);
xgrid(1,1);
```

Cap. 3 – Modelos

// **Fig. 3.1** - Atendimento dos requisitos

```
clf(); x=(0:2:120);
ya=pg(x,70,15); ye=pg(x,40,5); yv=pg(x,80,20);
za=gc(ya); ze=gc(ye); zv=gc(yv);
plot(x,za,"k-o"); plot(x,ze,"k-*"); plot(x,zv,"k-+");
```

```
legend("(o) agua","(*) esgoto","(+) vagas",pos=2);
xlabel "porcentagem" fontsize 2
ylabel "conceito z" fontsize 2
title "Fig 3.1 - Atendimento aos requisitos"  fontname 5 fontsize 4
xgrid(1,1,1);

// Fig. 3.2 - Jovem -
clf(); funcprot(0);
idade=(15:1:45);jov=pg(idade,24,-8);jovem=gc(jov);
vendas=(0:1:30);ven=pg(vendas,10,4);bomv=gc(ven);
plot2d(idade,jovem);
xlabel "idade" fontsize 2;
ylabel "jovem" fontsize 2;
title "Fig 3.2 – Jovem" fontname 5 fontsize 4;
xgrid(1,1,1);

// Fig. 3.3 - Bom vendedor
clf(); funcprot(0);
idade=(15:1:45);jov=pg(idade,24,-8);jovem=gc(jov);
vendas=(0:1:30);ven=pg(vendas,10,4);bomv=gc(ven);
plot2d(vendas,bomv);
xlabel "vendas" fontsize 2;
ylabel "bom vendedor" fontsize 2;
title "Fig 3.3 – Bom Vendedor" fontname 5 fontsize 4;
xgrid(1,1,1);

// Fig. 3.4 - Seleção de gerente -
clf();funcprot(0);
idade=(10:1:40);jov=pg(idade,24,-8);jovem=gc(jov);
vendas=(0:1:30);ven=pg(vendas,10,4);bomv=gc(ven);
```

```
yger=conv(jov,ven);zger=gc(yger);
plot3d(idade,vendas,zger,flag=[0,4,3],ebox=[40,30,-1,10,0,1]);
p=gca();p.cube_scaling="on";// p.tight_limits="off";
p.axes_visible = ["on","on","on"];p.grid=[1,1,1];
p.axes_reverse=["off","on","off"];
xlabel "Idade" fontsize 2;
ylabel "Vendas" fontsize 2;
zlabel "Gerente" fontsize 2;
title "Fig 3.4 – Seleção de gerente" fontname 5 fontsize 4;
xgrid(1,1,1);
```

// **Fig. 3.5** - Conceito Jovem Maior de idade

```
clf();
idade=(10:0.5:70);
jov=pg(idade,30,-2); maior=pg(idade,18,12); mai=mc(maior,1,4);
yjm=conj(jov,mai); jovem=gc(jov); maior=gc(mai);
zjm=gc(yjm);
plot2d(idade,zjm,axesflag=1,frameflag=2,logflag="nn");
plot(idade,jovem,"k -"); plot(idade,maior,"k -");
lmai=mc(yjm,1,3);lmaior=gc(lmai);
plot(idade,lmaior,"-*k");
xlabel "IDADE (anos)" fontsize 2
ylabel "MAIOR DE IDADE" fontsize 2
title "Fig 3.5 - Conceito Jovem Maior de Idade" fontname 5 fontsize 4
xgrid (1,1);
```

// **Fig. 3.6** -seleção corrigida de gerente

```
xj=(10:1:40); xv=(10:1:40);
yj=pg(xj,30,-8); yv=pg(xv,20,2);
ym=pg(xj,18,4); yjm=conj(yj,ym); yjmc=mc(yjm,1,1); zjmc=gc(yjmc);
```

```
yg=conm(yjmc,yv); zg=gc(yg); ygm=mc(yg,1,3); zgm=gc(ygm);
plot3d(xj,xv,zgm,flag=[0,4,3],ebox=[10,40,10,40,-1,1]);
da=gda(); da.box="back_half";
p=gca(); p.cube_scaling="on"; p.tight_limits="off";
p.axes_visible = ["on","on","on"]; //p.grid=[2,2,1];
p.axes_reverse=["on","on","off"];
xlabel "Idade" fontsize 2;
ylabel "Vendas" fontsize 2;
zlabel "conceito z" fontsize 3
title "Fig 3.6 - Seleção corrigida de gerente" fontname 5 fontsize 4;
xgrid(1,1,1);

// Fig. 3.7 - Temperatura normal
clf(); x=(33:0.1:41);
y1=pg(x,38,-15); z1=gc(y1);
y2=pg(x,35,60); z2=gc(y2);
plot2d(x,z1,axesflag=1);
plot2d(x,z2,axesflag=1);
yd=dombi(y1,y2,-1); ydm=mc(yd,1,8); zd=gc(ydm); plot(x,zd,"*-k");
zz=gc(yd); plot(x,zz,"-k");
ymg=(y1.^(0.5)).*(y2.^(0.5)); zmg=gc(ymg);
xlabel "Temperatura corporal" fontsize 4;
ylabel "conceito z" fontsize 3;
title "Fig. 3.7 - Temperatura normal" fontname 5 fontsize 4;
xgrid(1,1,1);

// Fig. 3.8 - Ritmo respiratório
clf(); x=(12:0.2:26);
y1=pg(x,20.2,-10); z1=gc(y1);
y2=pg(x,15.8,10); z2=gc(y2);
```

```
plot2d(x,z1,axesflag=1);
plot2d(x,z2,axesflag=1);
yd=dombi(y1,y2,-1); ydm=mc(yd,1,6);zd=gc(ydm);plot(x,zd,"*-k");
// ydm1=mc(yd,2,7);zd1=gc(ydm1);plot(x,zd1,"*-");
zz=gc(yd);plot(x,zz,"-k");
ymg=(y1.^(0.5)).*(y2.^(0.5));zmg=gc(ymg);
// legend(" ( o ) MG"," ( * ) DJ",pos=1);
xlabel "Inspirações/min" fontsize 4
ylabel "conceito z" fontsize 3
title "Fig. 3.8 - Ritmo respiratório normal" fontname 5 fontsize 4;
xgrid(1,1,1);
```

// **Fig. 3.9** - Ritmo cardíaco

```
clf(); x=(30:1:120);
y1=pg(x,90,-6); z1=gc(y1);
y2=pg(x,60,10); z2=gc(y2);
plot2d(x,z1,axesflag=1);
plot2d(x,z2,axesflag=1);
yd=dombi(y1,y2,-1);zz=gc(yd);plot(x,zz,"--k");
ydm=mc(yd,1,4);zd=gc(ydm);plot(x,zd,"*-k");
xlabel "Pulsações/min" fontsize 4;
ylabel "conceito z" fontsize 3;
title "Fig. 3.9 - Ritmo cardíaco normal" fontname 5 fontsize 5;
xgrid(1,1,1);
```

// **Fig. 3.10** - Função modificada com R=1

```
x=(40:1:160);
y1=pg(x,120,-5); z1=gc(y1);
y2=pg(x,80,10); z2=gc(y2);
plot2d(x,z1,axesflag=1);
```

```
plot2d(x,z2,axesflag=1);
yd=dombi(y1,y2,-1);zz=gc(yd);plot(x,zz,"--k");
ydm=mc(yd,1,5);zd=gc(ydm);plot(x,zd,"*-k");
xlabel "valor x" fontsize 4;
ylabel "conceito z" fontsize 3;
title "Fig. 3.10 - Função modificada com R=1" fontname 5 fontsize 4;
xgrid(1,1,1);

// Fig. 3.11 - Função modificada com R=1,5 e S=12;
clf(); x=(40:1:160);
y1=pg(x,120,-5); z1=gc(y1);
y2=pg(x,80,10); z2=gc(y2);
plot2d(x,z1,axesflag=1);
plot2d(x,z2,axesflag=1);
yd=dombi(y1,y2,-1);zz=gc(yd);plot(x,zz,"--k");
ydm=mc(yd,1.5,12);zd=gc(ydm);plot(x,zd,"*-k");
zb=gc(1.5); plot(x',zb,"--k");
xlabel "valor x" fontsize 4;
ylabel "conceito z" fontsize 4;
title "Fig. 3.11 - Função modificada com R=1,5" fontname 5 fontsize 4;
xgrid(1,1,1);
// Fig. 3.12 - Função modificada com R=0.7 e S=3
clf(); x=(40:1:160);
y1=pg(x,120,-5); z1=gc(y1);
y2=pg(x,80,10); z2=gc(y2);
plot2d(x,z1,axesflag=1);
plot2d(x,z2,axesflag=1);
yd=dombi(y1,y2,-1);zz=gc(yd);plot(x,zz,"--k");
ydm=mc(yd,0.7,3);zd=gc(ydm);plot(x,zd,"*-k");
zb=gc(0.7); plot(x,zb,"--k");
```

```
xlabel "valor x" fontsize 4;
ylabel "conceito z" fontsize 4;
title "Fig. 3.12 - Função modificada com R=0.7" fontname 5 fontsize 4;
xgrid(1,1,1);
```

// **Fig. 3.12** - Função modificada com R=0.7 e S=3

```
clf(); x=(40:1:160);
y1=pg(x,120,-5); z1=gc(y1);
y2=pg(x,80,10); z2=gc(y2);
plot2d(x,z1,axesflag=1);
plot2d(x,z2,axesflag=1);
yd=dombi(y1,y2,-1);zz=gc(yd);plot(x,zz,"--k");
ydm=mc(yd,0.7,3);zd=gc(ydm);plot(x,zd,"*-k");
zb=gc(0.7); plot(x,zb,"--k");
xlabel "valor x" fontsize 4;
ylabel "conceito z" fontsize 4;
title "Fig. 3.12 - Função modificada com R=0.7" fontname 5 fontsize 4;
xgrid(1,1,1);
```

Cap. 4 - IDH/PNUD

// **Fig. 4.1** - médias geométricas

```
clf(); z=(-0.95:0.1:1); n=size(z,"c");
per=(1+z)/2; zmg=zeros(n,n);
for i=1:1:n do
   z1=z(i); y1=cg(z1);// Fig. 4.1 - médias geométricas
clf(); z=(-0.95:0.1:1); n=size(z,"c");
per=(1+z)/2; zmg=zeros(n,n);
for i=1:1:n do
   z1=z(i); y1=cg(z1);
   for j=1:1:n do
```

```
        z2=z(j); y2=cg(z2);
        ymc=(y1*y2)^.5; zmc=ymc/(ymc+1);
        zmg(i,j)=zmc;
    end
end
subplot(1,2,1)
plot3d(per,per,zmg,theta=60,alpha=60,flag=[0,4,3],ebox=[0,0,0,1,1,1]);
p=gca();p.cube_scaling="on";p.tight_limits="off";
p.axes_visible = ["on","on","on"]; p.grid=[1,1,1];
p.axes_reverse=["on","on","off"];
title "Fig. 4.1 - média geométrica difusa" fontname 5 fontsize 3;
z=(0.05:0.05:1); n=size(z,"c");
zmg=zeros(n,n);
for i=1:1:n do
    z1=z(i);
    for j=1:1:n do
        z2=z(j);
        zmg(i,j)=(z1*z2)^.5;
    end
end
subplot(1,2,2)
plot3d(z,z,zmg,theta=60,alpha=60,flag=[0,4,3],ebox=[0,0,0,1,1,1]);
p=gca();p.cube_scaling="on";p.tight_limits="off";
p.axes_visible = ["on","on","on"]; p.grid=[1,1,1];
p.axes_reverse=["on","on","off"];
title "Fig. 4.1 - média geom. percentual" fontname 5 fontsize 3;
```

// **Fig. 4.2** - médias geométricas

```
clf(); // Media geométrica difusa
z=(-1:0.1:1); n=size(z,"c");per=(1+z)/2;
```

```
zmc=zeros(n,n);// Fig. 2.16 - similaridade em curvas de nível
clf(0); qp=75;qa=160;wp=12;wa=14;
xp=(50:2:100); yp=pg(xp,qp,wp);
xa=(110:4:210); ya=pg(xa,qa,wa);
xpa=159.9;xpp=74.9; [um,np]=size(xa);
ypp=pg(xpp,qp,wp); ypa=pg(xpa,qa,wa);
for i=1:1:np do
   ysp(i)=(yp(i)*ypp)/((yp(i)-ypp)^2); end;
for i=1:1:np do
   ysa(i)=(ya(i)*ypa)/((ya(i)-ypa)^2); end;
for i1=1:1:np do
for i2=1:1:np do
   y16(i1,i2)=conj(ysp(i1),ysa(i2)); end ; end
f=gcf(); f.color_map=[0,0,0];
z16=gc(y16);
nz=[0.95,0.8,0.6,0.4,0.2,0,-0.2,-0.4];
contour(xa,xp,z16,nz);
xlabel "altura (cm))" fontsize 2
ylabel "peso (kg)" fontsize 2
// zlabel "conceito z" fontsize 2
title "Fig 2.16 - Similaridade com 160 cm e 75 kg"  fontname 5 fontsize 4
xgrid(1,1);
for i=1:1:n do
   z1=z(i); y1=cg(z1);
   for j=1:1:n do
      z2=z(j); y2=cg(z2);
      ymc=(y1*y2)^.5; mc=ymc/(ymc+1);
      zmc(i,j)=mc;
   end
end
```

```
f=gcf(); f.color_map=[0,0,0];
subplot(1,2,1);
contour(per,per,zmc,per,"o-k"),flag=[0 2 3];
// e=gce(); e.foreground=color(k);
// style=color "black";
p=gca();p.cube_scaling="on";p.tight_limits="off";
p.axes_visible = ["on","on","on"]; p.grid=[1,1,1];
title "Fig. 4.2 - média geométrica difusa" fontname 5 fontsize 3;
// Media geométrica percentual
z=(0:0.05:1); n=size(z,"c");
zmg=zeros(n,n);
for i=1:1:n do
   z1=z(i);
   for j=1:1:n do// Fig. 2.16 - similaridade em curvas de nível
clf(0); qp=75;qa=160;wp=12;wa=14;
xp=(50:2:100); yp=pg(xp,qp,wp);
xa=(110:4:210); ya=pg(xa,qa,wa);
xpa=159.9;xpp=74.9; [um,np]=size(xa);
ypp=pg(xpp,qp,wp); ypa=pg(xpa,qa,wa);
for i=1:1:np do
   ysp(i)=(yp(i)*ypp)/((yp(i)-ypp)^2); end;
for i=1:1:np do
   ysa(i)=(ya(i)*ypa)/((ya(i)-ypa)^2); end;
for i1=1:1:np do
for i2=1:1:np do
   y16(i1,i2)=conj(ysp(i1),ysa(i2)); end ; end
f=gcf(); f.color_map=[0,0,0];
z16=gc(y16);
nz=[0.95,0.8,0.6,0.4,0.2,0,-0.2,-0.4];
contour(xa,xp,z16,nz);
```

```
xlabel "altura (cm))" fontsize 2
ylabel "peso (kg)" fontsize 2
// zlabel "conceito z" fontsize 2
title "Fig 2.16 - Similaridade com 160 cm e 75 kg"  fontname 5 fontsize 4
xgrid(1,1);
        z2=z(j);
        zmg(i,j)=(z1*z2)^(1/2);
    end
end
subplot(1,2,2);
nn=(0:0.05:1);
contour(z,z,zmg,z),flag=[0 2 3];
p=gca();p.cube_scaling="on";p.tight_limits="off";
p.axes_visible = ["on","on","on"]; p.grid=[1,1,1];
title "Fig. 4.2 - média geométrica percentual" fontname 5 fontsize 3;
```

// **Fig. 4.3** - Média geométrica

```
clf(); // Expectativa de vida (20 a 90 anos)
x=(20:1:80);p=(x-20)/(80-20);n=size(x);
plot2d(x,p);xgrid(1,1);
// combinação com 20%
p1=0.2;m1=(p1.*p)^(1/2);
colordef=("black"); plot(x,m1,"+-k ");
// combinação com 50%
p2=0.5;m2=(p2.*p)^(1/2);
plot(x,m2,"o-k ");
// combinação com z=0.5
p3=0.8;m3=(p3.*p)^(1/2);
plot(x,m3,"*-k ");
legend(" "," 20%"," 50%"," 80%",pos=2);
```

```
title"Fig. 4.3 - Médias geométricas percentuais" fontname 5 fontsize 4;

// Fig. 4.4 - Média geométrica conceitual
// Expectativa de vida (20 a 80 anos)
clf();
x=(20:1:80);y=pg(x,50,8);p=y./(y+1);
plot2d(x,p);xgrid(1,1);
// combinação com 20%
p1=0.2;y1=p1./(1-p1);m1=(y*y1)^(1/2);z1=m1./(m1+1);
plot(x,z1,"+-k");
// combinação com 50%
p2=0.5;y2=p2./(1-p2);m2=(y*y2)^(1/2);z2=m2./(m2+1);
plot(x,z2,"o- k");
// combinação com 80%
p3=0.8;y3=p3./(1-p3);m3=(y*y3)^(1/2);z3=m3./(m3+1);
plot(x,z3,"*- k");
legend(" "," p=20%"," p=50%"," p=80%",pos=2);
title"Fig. 4.4 - Médias conceituais" fontname 5 fontsize 4;

// Fig. 4.5 - Média geométrica
// Expectativa de vida (20 a 80 anos)
clf();
x=(20:1:80);y=pg(x,42,12);p=(gc(y)+1)/2;n=size(x);
plot2d(x,p);xgrid(1,1);
// combinação com 20%
z1=-0.6;y1=cg(z1);zm=0;
   ym=(y1.*y).^(1/2);zm=(gc(ym)+1)/2;
colordef=("black");
plot(x,zm,"+ k");
// combinação com z=0
```

```
z2=0;y2=cg(z2);zm=0;
   ym=(y2.*y).^(1/2);zm=(gc(ym)+1)/2;
plot(x,zm,"o k");
// combinação com z=0.5
z3=0.6;y3=cg(z3);zm=0;
   ym=(y3.*y).^(1/2);zm=(gc(ym)+1)/2;
plot(x,zm,"* k");
legend(" "," 20%"," 50%"," 80%",pos=2);
title "Fig. 4.5 - Médias conceituais corrigidas" fontname 5 fontsize 4;

// Fig. 4.6 - medias geométricas
clf(); x12=(10:0.5:30);
y12a=pg(x12,20,6); z12a=gc(y12a);
y12b=pg(x12,20,30); z12b=gc(y12b);
ymg=(y12a.^(0.5)).*(y12b.^(0.5));zmg=gc(ymg);
plot(x12,zmg,"*-k");// ,axesflag=1);// ,color=("black"));
yma=(y12a+y12b)/2;zma=gc(yma);
plot(x12,zma,"x-k");
ymh=2./((1./y12a)+(1./y12b));zmh=gc(ymh);
plot(x12,zmh,"o-k");
plot2d(x12,z12a,axesflag=1);
plot2d(x12,z12b,axesflag=1);
ya1=dombi(y12a,y12b,1); za1=gc(ya1);
ya2=dombi(y12a,y12b,-1); za2=gc(ya2);
// plot(x12,za1,axesflag=1);
// plot(x12,za2,axesflag=1);
xgrid (1,1,1);
legend(" (*-) MG"," (x-) MA"," (o-) MH",pos=2);
title "Fig. 4.6 - Médias dos atributos geométricos" fontname 5 fontsize 4
```

```
// Fig. 4.7 - media geométrica
clf(); x12=(10:0.5:30);
y12a=pg(x12,20,6); z12a=gc(y12a);
y12b=pg(x12,20,-30); z12b=gc(y12b);
ymg=(y12a.^(0.5)).*(y12b.^(0.5));zmg=gc(ymg);
plot(x12,zmg,"*-k");// ,axesflag=1);// ,color=("black"));
yma=(y12a+y12b)/2;zma=gc(yma);
plot(x12,zma,"x-k");
ymh=2./((1./y12a)+(1./y12b));zmh=gc(ymh);
plot(x12,zmh,"o-k");
plot2d(x12,z12a,axesflag=1);// Fig. 4.8 - medias
clf(); x12=(10:0.5:30);
y12a=pg(x12,18,6); z12a=gc(y12// Fig. 5.5 - Superficie de controle
clf(); xd=(-20:2:20); yd=pa(xd,0,0.2); zd=gc(yd);
xv=(-5:0.5:5); yv=pa(xv,0,0.8); zv=gc(yv);
a=size(zd,"c"); zs=zeros(a,a);
for id=(1:1:a) do
   for iv=(1:1:a) do
      zs(id,iv)=(zd(id)+zv(iv))/2; // zs(id,iv)=gc(ys);
   end
end
plot3d(xd,xv,zs,theta=60,alpha=60,flag=[0,4,3],ebox=[-1,-1,-1,1,1,1]);
p=gca();p.cube_scaling="on";p.tight_limits="off";
p.axes_visible = ["on","on","on"]; p.grid=[1,1,1];
p.axes_reverse=["on","on","off"];
xlabel "DESVIO" ; ylabel "VELOCIDADE" ; zlabel "FORÇA";
title "Fig. 5.5 - Superfície de controle do pêndulo" fontname 5 fontsize
3;a);
y12b=pg(x12,22,-20); z12b=gc(y12b);
ymg=(y12a.^(0.5)).*(y12b.^(0.5));zmg=gc(ymg);
```

```
plot(x12,zmg,"*-k");
yma=(y12a+y12b)/2;zma=gc(yma);
plot(x12,zma,"+-k");
ymh=2./((1./y12a)+(1./y12b));zmh=gc(ymh);
plot(x12,zmh,"o-k");
ya1=dombi(y12a,y12b,1); za1=gc(ya1);
ya2=dombi(y12a,y12b,-1); za2=gc(ya2);
plot(x12,za1,"-k");plot(x12,za2,"-k");
plot2d(x12,z12a,axesflag=1);
plot2d(x12,z12b,axesflag=1);
legend(" ( *- ) MG"," ( +- ) MA"," ( o- ) MH",pos=2);
title "Fig. 4.8 - Médias" fontname 5 fontsize 4;
xgrid(1,1,1);
plot2d(x12,z12b,axesflag=1);
ya1=dombi(y12a,y12b,1); za1=gc(ya1);
ya2=dombi(y12a,y12b,-1); za2=gc(ya2);
plot(x12,za1,"-k"); // ,axesflag=1);
plot(x12,za2,"-k"); // ,axesflag=1);
xgrid (1,1,1);
legend(" ( *- ) MG"," ( x- ) MA"," ( o- ) MH",pos=2);
title "Fig. 4.7 - Médias dos atributos geométricos" fontname 5 fontsize 4
```

// **Fig. 4.8** - medias

```
clf(); x12=(10:0.5:30);
y12a=pg(x12,18,6); z12a=gc(y12a);
y12b=pg(x12,22,-20); z12b=gc(y12b);
ymg=(y12a.^(0.5)).*(y12b.^(0.5));zmg=gc(ymg);
plot(x12,zmg,"*-k");
yma=(y12a+y12b)/2;zma=gc(yma);
plot(x12,zma,"+-k");
```

```
ymh=2./((1./y12a)+(1./y12b));zmh=gc(ymh);
plot(x12,zmh,"o-k");
ya1=dombi(y12a,y12b,1); za1=gc(ya1);
ya2=dombi(y12a,y12b,-1); za2=gc(ya2);
plot(x12,za1,"-k");plot(x12,za2,"-k");
plot2d(x12,z12a,axesflag=1);
plot2d(x12,z12b,axesflag=1);
legend(" ( *- ) MG"," ( +- ) MA"," ( o- ) MH",pos=2);
```
title "Fig. 4.8 - Médias" fontna **Fig. 4.9** me 5 fontsize 4;
```
xgrid(1,1,1);
```

// **Fig. 4.9** - medias
```
clf(); x12=(10:0.5:30);
y12a=pg(x12,22,6); z12a=gc(y12a);
y12b=pg(x12,18,-20); z12b=gc(y12b);
ymg=(y12a.^(0.5)).*(y12b.^(0.5));zmg=gc(ymg);
plot(x12,zmg,"*-k");
yma=(y12a+y12b)/2;zma=gc(yma);
plot(x12,zma,"+-k");
ymh=2./((1./y12a)+(1./y12b));zmh=gc(ymh);
plot(x12,zmh,"o-k");
ya1=dombi(y12a,y12b,1); za1=gc(ya1);
ya2=dombi(y12a,y12b,-1); za2=gc(ya2);
plot(x12,za1,"-k");plot(x12,za2,"-k");
plot2d(x12,z12a,axesflag=1);
plot2d(x12,z12b,axesflag=1);
legend(" ( *- ) MG"," ( +- ) MA"," ( o- ) MH",pos=2);
title "Fig. 4.9 - Médias" fontname 5 fontsize 4;
xgrid(1,1,1);
```

Cap. 5 – Controle Difuso

```
// Fig. 5.5 - Superficie de controle
clf(); xd=(-20:2:20); yd=pa(xd,0,0.2); zd=gc(yd);
xv=(-5:0.5:5); yv=pa(xv,0,0.8); zv=gc(yv);
a=size(zd,"c"); zs=zeros(a,a);
for id=(1:1:a) do
   for iv=(1:1:a) do
      zs(id,iv)=(zd(id)+zv(iv))/2; // zs(id,iv)=gc(ys);
   end
end
plot3d(xd,xv,zs,theta=60,alpha=60,flag=[0,4,3],ebox=[-1,-1,-1,1,1,1]);
p=gca();p.cube_scaling="on";p.tight_limits="off";
p.axes_visible = ["on","on","on"]; p.grid=[1,1,1];
p.axes_reverse=["on","on","off"];
xlabel "DESVIO" ; ylabel "VELOCIDADE" ; zlabel "FORÇA";
title "Fig. 5.5 - Superfície de controle do pêndulo" fontname 5 fontsize 3;
```

Referências Bibliográficas

[1] Zadeh, L . A . , " Fuzzy sets" , Inf. Control vol. 8, pp. 338-352, 1965.

[2] Dubois , D. J. & Prade, H. M. , " Fuzzy sets and systems", Academic press , 1980.

[3] Maia, L . F. J., "Caracterização e reconhecimento de conceitos", Tese de Doutorado defendida na Universidade Estadual de Campinas, SP, 1991.

[4] Dombi, "A general class of fuzzy operators, the De Morgan class of fuzzy operators and fuzzyness measures induced by fuzzy operators" , Fuzzy sets and systems , vol. 8, pp. 14 9-16 3, 1982 .

[5] MAIA, L. F. J. ; BEZERRA, P. C. Sistema Especializável de Reconhecimento de Conceitos. In: Congreso Chileno de Ingenieria Eletrica, 1985, Santiago, Chile. Anales. Santiago, Chile: Pontificia Universidad Catolica de Chile, 1985. p. 484-486.

[6] BEZERRA, P. C.; MAIA, L. F. J. . Integridade e Degradação de Conceitos numa Base de Conhecimentos. In: Congreso Chileno de Ingenieria Eletrica, 1985, Santiago, Chile. Anales. Santiago, Chile: Pontificia Universidad Catolica de Chile, 1985. p. 481-483.

[7] MAIA, L. F. J. ; Costa Jr., I. . Fuzzy Information Retrieval for Decision Support. In: Sixth IEEE International Conference on Fuzzy Systems, 1997, Barcelona, Catalonia, Espanha. Proceedings., 1997.

[8] MAIA, L. F. J. ; Costa Jr., I. . Fuzzy Information Retrieval. In: International Conference on Fuzzy Logic and Applications, 1997, Zichron Yaakov. Proceedings ..., 1997.

[9] Zanusso, M. B.; Araújo, A. A. ; MAIA, L. F. J. . Um PMCD Baseado em Novos Operadores Lógicos Difusos. In: IV Simpósio Brasileiro de Redes Neurais, 1997, Goiânia. Anais..., 1997.

[10] Araújo, A. A.; MAIA, L. F. J. ; Zanusso, M. B.. Novos Operadores Conjuntivos e Disjuntivos para Conjuntos Difusos. In: I Encontro Nacional sobre Inteligência Artificial, 1997, Brasília, DF. Anais, 1997.

[11] Zanusso, M. B. ; MAIA, L. F. J. . Caracterização e Reconhecimento de Conceitos. In: III Congresso Brasileiro de Redes Neurais, 1997, Florianópolis, SC. Anais. Florianópolis, SC: Universidade Federal de Santa Catarina, 1997.

[12] Lindsay , P. H. & Norman, D. A ., "Human Information Processing", Academic Press, 1977.

Impressão e acabamento
Gráfica da Editora Ciência Moderna Ltda.
Tel: (21) 2201-6662